KB056071

청와대야
소풍 가자

비밀의 정원과 나무 이야기

청와대야
소풍 가자

권영록 · 조오영 · 정명규 지음

좋은땅

청와대! 국민들에게 꿈과 희망을 심어주는 터이다.

반면, 권불십년이랄까? 10년이 채 가기 전에 영욕을 가름한다.

청와대는 고려시대에는 신궁, 조선시대에는 경복궁 후원, 일제강점기에는 총독관저, 미군정 때에는 하지 중장의 관사, 대한민국 정부 수립 이후에는 대통령 집무실로 이용하였다. 1960년도에 경무대에서 청와대로 개칭하고 영문으로 'Blue House'라고 불렀다. 1991년도에 현재의 청와대 본관을 새로 지어 이용하다가 2022년 5월 9일 대통령궁으로서의 역사적 임무를 마감한다.

제20대 윤석열 대통령은 취임 당일인 2022년 5월 10일 청와대 기능을 용산으로 이전하면서, 청와대를 전격적으로 개방하여 국민의 품으로 돌려주었다.

이제 청와대는 국민 누구나 방문할 수 있는 곳이다. 초기 하루에 3만 명의 방대한 인원이 관람하다 보니 관람을 하고도 이해를 충분히 할 수 없다는 아쉬운 생각이 들었다. 이와 같은 생각을 동기 삼아 국민들이 쉽게 청와대를 이해할 수 있는 이야기를 남기고 싶었다.

필자는 청와대에 근무했던 대통령실 직원이었다. 그때 『청와대의 꽃 나무 풀』이란 책을 발간하였다. 정치적 이념이 없는 자연환경의 기초서적이다. 이를 근본으로 문화유산을 추가하여 『청와대야 소풍 가자』란 책을 집필하였다. 청와대가 국민들의 품으로 간다는 메시지를 담은 제목이다. 국민이 청와대로 간다는 의미가 아니라 국민이 주인이란 의미이다.

이 책에는 대통령궁, 즉 청와대의 역사적 의미를 간략히 담았고, 관람 선상을 따라가면서 볼 수 있는 건축물과 문화유산을 '미리 가 본 청와대' 편에 기록하였다. 이후 비밀의 정원, 대통령 기념식수, 희귀한 나무들, 청와대의 교량, 사계절 피고 지는 야생화에 대한 이야기가 사진과 함께 기록되어 있다.

또한, 청와대가 어떤 곳인지 담고자 하였다. 필자도 '대통령, 수석비서관, 비서관, 행정관, 행정요원들은 어떤 사람들일까?', '어떤 일을 하며 어떤 모습일까?', '동화 속의 나라일까?' 궁금하였다. 남산의 소나무나 북악산의 소나무나 모두 대한민국의 같은 소나무이듯 국민들과 똑같은 자연인이었다. 이렇듯 국민들에게 편한 마음으로 이 책이 다가가길 바란다. 그리고 선생님과

학생들이 청와대를 방문할 기회가 있다면 미리 한번 읽어 두면 교육적으로 도움이 될 듯하다.

올봄에 흰뺨검둥오리가 청와대 실개천 주변에 알을 낳았다.

초여름 신록이 물든 날에 십여 마리 병아리가 깨어났다.

여름에 어미와 병아리 떼가 실개천을 노닐고 있다.

그 모습을 744살 주목이 수궁터에서 내려다보며 웃고 있다.

위와 같이 올해의 청와대 모습을 전하며 이 책의 발간을 위하여 많은 도움을 주신 분들의 이름을 일일이 열거하지 못하여 송구스럽다. 진정으로 감사의 마음을 드린다.

2022. 12. 1.

지은이 권영록, 조오영, 정명규

북악산 남쪽 자락에 청와대가 자리하고 있습니다.

1948년도 대한민국 정부 수립 이후 2022년 5월 9일까지 열두 분의 대통령이 대한민국을 통치하던 자리입니다. 선거 때마다 청와대 이전에 관한 이야기가 있었지만 제20대 윤석열 대통령 취임과 동시에 청와대를 전면적으로 개방하여 국민의 품으로 돌려주었습니다.

이와 때를 같이하여 『청와대야 소풍 가자』란 책을 발간하게 된 것을 진심으로 축하드립니다. 이 책은 제가 대통령실장과 대학총장으로 재직 당시 함께하였던 행정관과 교수님이 뜻을 모아 출간하게 되었다는 데 더욱 감회를 느낍니다. 대통령실장 집무실에서 바라보던 녹지원의 사계절이 생각납니다. 세계 어느 정원보다도 잘 가꾸어진 정원으로 우리 국민들의 가슴속에 자리 잡고 있습니다.

필자들은 행정, 공원녹지, 조경생태, 산림, 정원 분야의 최고의 지식과 경험을 가진 전문가입니다. 또한 책의 내용이 정치적인 것이 아니라 청와대의 자연경관과 문화유산을 소재로 연구하고 스토리텔링한 것입니다. 누구나 쉽게 접근할 수 있는 책이며, 경기도교육감으로서 교육적인 측면에서 고마움과 감사의 말씀을 전합니다.

이 책이 청와대를 방문하는 어린이·초중고 학생·청소년·국민들이 청와대를 쉽게 알아 가는 길라잡이가 되고 학생들에게 자율, 균형, 미래 교육의 도서로서 큰 도움이 될 것으로 생각됩니다.

이 책을 통하여 청와대의 유서 깊은 자연경관과 문화가 깃든 공간이 알려지는 계기가 되기를 바랍니다.

2022. 12. 1.

(전) 고용노동부장관, 대통령실장

(현) 경기도교육감 임태희

제20대 윤석열 대통령은 취임 당일인 2022년 5월 10일 청와대 기능을 용산으로 이전하면서, 청와대를 전격적으로 개방하여 국민의 품으로 돌려주었다.

이제 청와대는 국민 누구나 방문할 수 있는 곳이다.

하루에 3만 명의 많은 인원이 청와대를 관람하면서도 국가 중요시설이 아닌 공원이나 주택 주변에 식재된 단순한 꽃이나 나무로 받아들이는 것이 안타까워 저자들은 청와대에서 5년간 근무하면서 돌본 나무와 꽃, 그리고 그 외의 역사문화 자료까지 정리하여 현장 답사에 도움이 될 수 있는 자료집을 발간하였다.

학문적으로 정립이 된 것은 아니지만, 일정 지역 내에 분포하는 식물들의 이름을 확인해 주는 방법을 위치수목학이라 한다.

계절별로 피는 124종을 봄에 피는 꽃 46종, 여름에 피는 꽃 55종, 가을에 피는 꽃 23종의 식물들로 구분하고, 현재 피어 있는 위치와 형태, 자생지 또는 원산지까지 친절하게 정리하여 관람객들이 청와대를 방문하여 손쉽게 식물들과 친교를 맺을 수 있는 자료가 될 것이다.

추가하여 대통령 기념식수 나무 23본, 희귀한 나무 25본까지 자료를 수록하여 기념식수 연도, 식재된 나무의 나이, 나무가 가지는 기억할 만한 내용까지 정리가 되어 발간한 것을 더없이 기쁘게 생각한다.

계속해서 더 많은 자료를 수집하여 청와대 경내에 식재된 전 수종을 수록한 안내서를 만들 날이 하루빨리 오기를 기원해 본다.

2022. 12. 1.

(전) 국립산림과학원 연구관
농학박사 최명섭

목차

PART 01   생명의 궁(宮)

PART 02   미리 가 본 청와대(문화유산과 건축물)

PART 03 **비밀의 정원(The secret garden)**

PART 06　삼형제의 다리

PART 07　마음을 담아간 야생화

봄에 피는 꽃

여름에 피는 꽃

가을에 피는 꽃

PART 01

생명의 궁(宮)

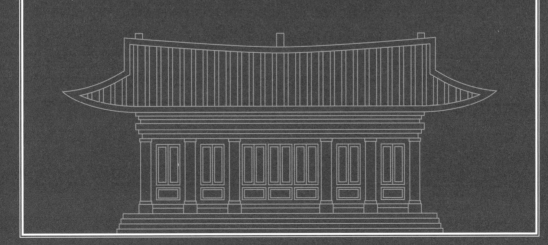

1. 한양의 맥(脈)

1) 지리적 명당, 생명의 물길

우리 민족의 정신적 지주는 민족의 영산 백두산에서 시작된다.

한반도의 척추는 백두산에서 지리산까지 뻗어 있는 백두대간이다. 백두대간은 1정간, 13정맥으로 골격을 이루고 있다. 장백정간은 백두대간에서 분리되어 북동쪽으로 뻗어 올라가고, 남쪽으로 내려가면서 서쪽으로 13개 정맥이 뻗어 나간다. 남쪽의 13개 정맥 가운데 철령에서 갈라져 한반도의 중앙 서남쪽으로 내려온 것이 한북정맥이다. 속리산에서 갈라져 서북쪽으로 향하는 한남금북정맥에서 다시 서쪽으로 분리된 것이 한남정맥으로 한반도 중앙으로 올라와 있다. 두 정맥인 한북정맥과 한남정맥의 맥을 이어받아 분지형으로 만들어진 도읍지가 한양이다.

한강은 금강산에서 발원한 북한강, 태백산에서 발원한 남한강이 양수리에서 만나 하나가 되어 한양의 중심을 흐르는 강이다.

앞뒤로 산이 있고 가운데 물이 흐르는 형세를 가진 도시, 국토의 중심부에서 산이 있어 적의 침입으로 인한 방어에 유리하고, 물이 있어 수운 교통의 요충지인 도시, 한 국가의 도읍지로 갖추어야 할 조건을 가진 천혜의 도시, 630년 전 이성계가 천도를 결정한 도시가 한양이다.

2) 산과 물이 어우러진 생명의 도시

한양의 산세를 살펴보면 백두산 정기와 한북정맥의 땅 기운을 이어받은 북쪽의 북한산(삼각산), 동쪽의 아차산, 서쪽의 덕양산이 있다. 한남정맥의 기운을 받은 남쪽의 관악산은 지리산 기운을 끌어 올라와 한양 남쪽의 기운을 모은 산이다. 이를 한양 외명당의 배경이라 하고 북한산, 관악산, 아차산, 덕양산을 외사산이라 한다.

삼각산에서 그대로 내려와 우뚝 솟은 산이 북악산(백악산)이다. 동쪽으로 낙산, 서쪽으로 인왕산, 남쪽으로 남산이 있다. 이 산을 내명당의 배경인 내사산이라 한다. 그 내사산 속에는 내수(內水) 청계천이 흘러가며, 한양도성의 면적은 약 16㎢이었다.

도시를 조성할 때 산은 큰 의미를 지닌다. 수호신이 지상으로 내려와 산의 형상이 되었다고 생각하였다. 북동서남으로 현무, 청용, 백호, 주작의 수호신이 내려앉은 것이 한양을 둘러싼 산의 형상이며 내사산이 가지는 의미이다.

3) 한양천도를 결정한 백악주산설

1392년 7월 태조 이성계는 즉위하자마자 천도를 지시한다.

처음 권중화가 계룡산에 도읍지를 정해야 한다고 주장하였다.

그해 하륜이 계룡산 천도 반대 상소를 내면서, 한양 천도를 주장했고, 안산을 주산으로 하는 무악주산설을 주장했다. 이에 무학대사와 정도전은 한양 천도를 환영하면서 두 사람의 의견은 인왕주산설과 백악주산설로 갈라졌다.

무학대사는 풍수지리에 밝아 한양을 설계하는 데도 풍수지리를 적극적으로 이용했다. 인왕산을 주산으로 삼고 북악산과 남산을 좌청룡, 우백호로 하여 동향의 도시를 만들 것을 주장하였다.

정도전은 한반도의 자연지리 체계를 하나의 맥으로, 한반도의 땅 기운이 모여 있는 북한산 만경대와 관악산 연주대를 하나의 상징의 축으로 맞추어 도시를 만들어야 한다는 구상하에 북악산을 주산으로 남향의 도시를 만들어야 한다는 백악주산설을 주장하였다.

무학대사는 백악주산설에 대하여 관악산이 불의 산이고, 남산(목멱산)이 목(木) 자가 있어 불쏘시개 역할을 하여 왕궁에 재앙이 오며, 풍수지리상 좌청룡인 낙산이 허약함을 문제 삼았고, 신라 의상대사는 『산수비기』에서 "정씨가 나와 시비를 품의면 5대를 못 가서 찬탈의 화를 당하고 2백 년 내에 탕진될 위험이 있다고 했다."라고 경고했다. 풍수지리에 능통한 무학대사의 반대에도 불구하고 왕권 못지않게 신권(臣權)의 영향력에 힘입어 백악주산설로 결정되면서 한양이란 도시와 함께 경복궁을 창건하였다.

4) 한양도성의 생활 하천, 청계천

한양도성을 한복판을 흐르는 하천은 조선시대 개천(開川)이다. 개천이란 말은 자연 하천이 아니다. 개착, 즉 땅을 파서 물길을 만든 하천이다.

한양 천도 직후 도성을 관통하는 하천으로부터 재해를 줄이기 위하여 개천 사업을 하였다.

개천은 동쪽에서 발원하여 서쪽으로 흐르는 동출서류의 도심형 하천으로 백성들의 삶과 떨어질 수 없는 생활 하천으로 탈바꿈하였다.

개천은 발원지는 백운동천이다. 일제강점기인 1911년에 청계천으로 이름이 바뀌었고, 2005년에 생태적으로 지속 가능한 하천으로 복원하여 서울시민은 물론 국민들로부터 사랑받는 명소가 되었다.

청계천 복원으로 물소리, 바람소리, 녹색의 수변 복원으로 자연과 사람이 함께 살아가는 생명의 하천으로 변모하였다.

2. 청와대 약사(略史)

1) 고려시대

고려는 개국 초기부터 풍수지리와 도참사상에 의존하였다. 풍수지리와 도참사상에 관심이 많던 고려 문종은 1067년에 지금의 서울, 양주를 남경으로 고치고 다음 해에 신궁을 건설하였다. 이 신궁이 지금의 청와대 자리에 있었다는 설이 유력하다.

고려『태조실록』에 따르면 고려 숙종은 1101년 남경개창도감을 만들어 1104년 5월에 왕궁 건설을 완료하고 13일 정도 머물렀다고 한다. 이후 왕궁은 청와대 자리에 계속 남아 예종, 인종이 행차하여 신하들로부터 조하[1]를 받고 연회를 열었다고 했다.

2) 조선 전기

청와대 자리에서 왕과 공신들의 맏자손들과 함께 회맹단에서 천지신명 앞에 명세하고 봉군, 봉작, 논공행상을 하는 의식인 회맹(會盟)[2]을 실시하였다. 회맹단은 기록으로 보아 경복궁 신무문 밖 북동쪽으로 보고 있다. 인접 지역에는 민간인이 거주할 수는 없었다고 한다. 그러나 의식이 있는 특별한 날을 제외하고는 자유로이 왕래할 수 있었다고 한다.

회맹단을 포함한 마을도 있었는데 북동 또는 대은암동인데 지금의 영빈관 부근으로 보고 있다. 이 시기의 경복궁 후원에는 충숙당, 접송정, 취로정, 서현정, 관저전 등의 전각이 있었다.

3) 조선 후기

경복궁은 1592년 임진왜란으로 200년 만에 불타고 만다. 안타까운 역사적 사실이다. 흥선대원군 이하응에 의하여 중건되기 이전까지 270여 년간 폐허로 남아 있다가 1863년 고종이 즉위하면서 34년간 임금이 거처하는 법궁으로 역할을 했다.

---

1) 조하 : 경축일에 신하들이 조정에 나아가 임금에게 하례하던 일이나 의식.
2) 회맹 : 공훈(功勳)이 있는 사람의 이름을 책에 써 올릴 때 임금과 신하가 모여서 서로 맹세하던 일.

한양전도. 1780년경(정조 4년). 개인 소장
출처 : 『청와대와 주변 역사·문화유산』

이 시기에는 신무문 밖 후원을 북원(北苑)으로 표시하였으며 일반인의 출입을 엄격히 통제하였다. 북궐도형[3]에 따르면 대한제국 말기 후원의 건물 배치는 과거·열병·교련을 위한 권역인 융문당·융무당, 구경과 휴식을 위한 지역인 오운각, 임금이 친히 농사를 짓는 권역인 경농재로 나눌 수 있다. 경복궁 후원은 북쪽의 북악산이 막혀 통과하기가 곤란하였으며, 후원을 기준으로 동쪽의 춘화문, 남쪽의 신무문, 서쪽에 추성문, 금화문, 북쪽에 현무문 등이 있었다.

4) 일제강점기

경복궁은 1896년 아관파천[4]으로 법궁으로서 위상이 추락하였다. 이후 1912년 경복궁은 조선총독부 건물이 되었다. 조선총독부는 통치 5주년을 기념하고 일본 문물의 홍보를 위하여 왕궁 훼손을 목적으로 경복궁에서 조선물산공진회를 추진하였다.

---

3) 1901~1907년에 만든 경복궁 도면.
4) 아관파천 : 1896년 2월 11일부터 1897년 2월 20일까지 친러 세력에 의하여 고종과 세자가 러시아 공사관으로 옮겨서 거처한 사건으로 일본 세력에 대한 친러 세력의 반발로 일어난 사건이다.

조선물산공진회로 인하여 경복궁 건물, 후원인 청와대 자리가 크게 훼손되었으며 1921년경에는 경농재, 융문당, 침류각, 오운각 등 일부만 남았다고 한다.

1910년 조선총독부가 서울에 설치되고, 남산에 있던 통감부 건물을 총독부 청사로 사용하였다. 이를 왜성대(倭城臺)라 불렀다. 일제는 총독부 새 청사 터를 경복궁 내에 정하고 1916년에 착공하여 1926년에 준공하였다. 광복 이후까지 중앙청, 국립중앙박물관으로 사용하다가 1996년 김영삼 대통령 때에 철거되었다.

후원인 청와대는 1926년 조선총독부 통치 20주년 기념하여 조선박람회가 열리면서 대부분 건물이 철거되었다. 조선박람회 이후 한동안 공원으로 남아 있던 청와대 자리에 1937년에서 1939년 사이에 조선총독의 관사를 지었고 이를 경무대라 불렀다.

5) 광복 이후

1945년 8월 15일 제2차 세계대전에서 일본의 항복 선언과 함께 미군정 최고책임자인 하지 중장의 관사로 사용하다 대한민국 정부로 승계하였으며, 대한민국 초대 이승만 대통령의 집무실 및 관저로 이용되었다.

당시 관저 이름은 경무대를 그대로 사용하였으나 윤보선 대통령이 경무대는 독재를 연상한다는 의견에 따라 1960년 12월 30일 청와대로 개명하였다. 청와대는 지붕을 푸른 기와를 덮은 데서 유래되었고 영명의 Blue House는 미국의 White House와 비교될 수 있는 이름에서 연유되었다.

6) 근현대

1980년 6월 민주항쟁으로 국민의 손으로 직접 투표하여 뽑은 노태우 대통령 재임 때인 1991년 9월 4일 지금의 청와대 본관이 준공되어 오늘에 이르고 있다.

청와대 개방과 관련하여서는 1968년 1·21사태 즉 북한의 청와대 습격 사건으로 청와대 주변의 통제가 강화되었다. 그 이후 김영삼 대통령 때에 일부 개방하기 시작하여 노무현, 이명박 정부를 거치면서 확대되었다.

청와대의 주소와 면적은 일제강점기 때는 광화문 1번지, 644,337㎡였다. 1946년도에는 세종로 1번지, 230,980㎡로 줄었다가, 도로명 주소로 바뀌면서 청와대로 1로 변경되었고, 면적은 253,505㎡이다.

PART 02

미리 가 본 청와대
(문화유산과 건축물)

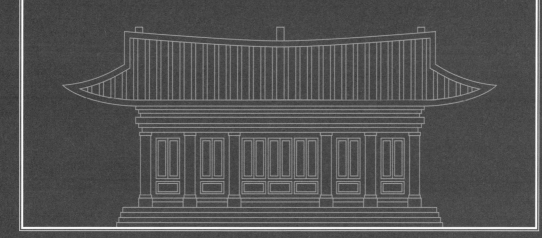

이번 장의 주제는 '미리 가본 청와대'이다.

청와대 건축물은 나름대로 용도가 있고 가치가 다르다. 보물, 유형문화재, 전통 한옥, 콘크리트 건축물까지 다양하게 존재한다.

청와대 둘러보는 관람코스를 중심으로 순서대로 정리하였다. 춘추관에서 시작하여 본관, 영빈관을 거쳐 사랑채에서 마무리된다. 자유 관람의 경우 다음 순서를 따라가면 빠지지 않고 볼 수 있다.

춘추관에서 청와대에 대한 설명을 듣는다.

청와대 경내로 들어오면 헬기장이 보인다.

잔디가 깔린 헬기장을 지나면서 오른쪽에 유리 온실이 있다.

온실을 지나면 녹지원에 177살의 반송이 반겨 준다.

반송의 오른쪽으로 돌면서 계단을 올라가면 상춘재로 들어간다.

상춘재 오른쪽에 대나무 숲으로 가려진 건물이 수영장이다.

상춘재 뒷길로 오르면 침류각과 초정이 있다.

침류각 앞뜰에는 텃밭이 있고, 뒤뜰에 대통령이 직접 농사를 짓던 친경전이 있다.

침류각에서 조금만 올라가면 대통령과 가족이 살던 관저이다.

인수문을 들어서면서 마주 보이는 한옥이 대통령의 침전이다.

내정을 돌아 나오면서 오른쪽에 있는 정자가 청안당이다.

가장 궁금했던 관저까지 보았다.

관저에서 수궁터 쪽으로 내려오다 보면 붉은 벽돌 건물이 있는데 의무동이다.

의무동을 지나 수궁터를 둘러보고 본관으로 들어간다.

본관은 1·2층으로 되어 있고 동서로 세종실과 충무실이 있다.

본관 2층에는 핵심지역인 대통령 집무실이 있다.

본관을 나오면 소정원을 구경하고, 용충교 다리를 건너면 녹지원이 펼쳐지고, 직원들이 근무하는 위민관으로 들어선다.

위민관으로 들어오는 문을 연풍문이라 하며, 연풍문 옆의 정원이 버들마당이다.

버들마당에서 정문으로 들어서면 대정원, 대정원 앞에서 청와대를 배경으로 사진을 찍고, 영빈관으로 가서 석재기둥과 영빈관 내부를 관람한다.

영빈관에서 청와대를 나가는 시화문을 지나면서 오른쪽에 서별관이 보이고, 칠궁을 관람한 후 효자동 분수대 앞을 지나서 사랑채를 둘러보면 청와대 관람이 마무리된다.

1. 언론의 산실, 춘추관(春秋館)

청와대에서 가장 먼저 나를 반겨 주는 곳이다. 굳게 잠겨 있는 솟을대문을 열고 들어서면 석조건축물이 가로막고 있다. 역사적으로 보면 춘추관은 고려와 조선시대 역사를 편찬하던 관청의 이름이었다. 같은 맥락으로 청와대 춘추관도 "엄정하고 비판적인 태도로 보도하고 홍보하여 공정하고 진실된 역사를 남기는 곳"이라는 뜻이다. 춘추관에는 춘추관장을 비롯한 직원들이 근무하고, 중앙과 지방 언론사의 출입 기자들이 근무하는 기자실을 운영하고 있으며, 엄정한 역사를 기록한다는 자유언론의 정신을 담고 있다.

춘추관은 1989년 5월 착공하여 1990년 9월 29일에 준공한 지상 3층 지하 1층 건물로 연면적은 1,293㎡이다. 맞배지붕으로 지은 이 건물의 외형은 고려시대 건축양식으로 최고의 조형미를 지닌 예산 수덕사 대웅전을 본뜬 것으로, 앞에는 솟을대문과 옆에서 보면 고각(북)이 보인다.

2. 국빈들의 작은 연회장, 상춘재(常春齋)

상춘재는 항상 봄이 머무는 집이란 뜻이
다. 미국, 유럽, 중국, 일본 등 주요나라 국빈
들이 방문하면 반드시 들르는 곳이다. 버락
오바마·도널드 트럼프 대통령 등 국빈들께
서 회견 및 오·만찬을 하였던 장소이다.

상춘재는 일제강점기 조선 총독관사 별관
매화실로 명명되던 건물을 제1·제2공화국 때에 의전용 공간으로 사용하였다. 이승만 대통령
때에 상춘실로 이름을 바꾸었고, 1978년 3월 박정희 대통령께서 개축하여 상춘재라 불렀다.

전두환 대통령 당시 우리나라 전통가옥을 소개하고 의전행사를 목적으로 신축을 결정하고,
1982년에 착공하여 1983년 4월 5일 현재의 모습으로 준공하였다. 상춘재는 연면적 417.96㎡
의 한옥으로 목재는 200년생 이상 되는 춘양목을 사용하였다. 내부는 대청마루로 된 거실과
온돌방 2개가 있다. 대청마루에서 바라보는 뒤뜰은 조경석 화계였으나 근래 들어 전통 형식
의 화계로 재조성하였다.

출처: 문화재청 제공, 사진작가 서헌강

청와대야 소풍 가자

출처: 문화재청 제공, 사진작가 서헌강

출처: 문화재청 제공, 사진작가 서헌강

3. 청와대에도 수영장이 있다

청와대에 무슨 수영장이?

아이들 말로 헐!

청와대에도 수영장이 있다. 대통령과 가족들이 이용한다.

상춘재 앞뜰에서 동쪽 담장 너머에 수영장이 있으며 돔 형식의 투명 지붕 구조를 갖추고 있다.

상춘재 전통 담장 뒤로 대나무로 가려져 있어 잘 보이지 않는다.

대나무는 상춘재에서 수영장 건물을 차폐하고자 2010년도에 심었으며, 현재는 푸르름을 간직한 채 사계절 제 역할을 다하고 있다. 옥상에는 가장자리에 옥상정원도 조성되어 있다.

수영장은 1973년 6월에 지었으며 연면적은 647㎡이다. 레인 길이는 20m, 폭 7m의 풀과 조그만 사우나 시설을 갖추고 있다.

청와대야 소풍 가자

4. 흐르는 물을 베개 삼은 침류각(枕流閣)

　전통 한옥으로 지어진 건물로 연대는 정확하지 않다. 19세기 말 경복궁 중건 후의 모습을 그린 북궐도형에도 침류각은 보이지 않는다.

　침류각은 본래 대통령 관저 자리에 있었으나 1989년도 관저를 신축할 때 지금의 자리로 옮겨졌으며, 전통 한옥 양식으로 연면적은 78.42㎡이다. 서울시 유형문화재 103호로 지정되어 있다.

　건물의 외관은 ㄱ 자 모양의 곱은자집이며, 앞면 4칸 옆면 2칸의 몸체에 좌측 앞과 우측 뒤에 각 1칸씩 있다. 건물 내부 좌측에는 2칸의 대청마루가 있고 우측에 3칸 규모의 방이 있고 앞쪽으로 1단 더 높게 만든 1칸 반의 누마루가 있다.

　건물 기단 앞에는 천록(天祿)과 괴석 받침, 화재에 대비하여 물을 담은 드므[5]가 배치되어 있다. 건물 전면 기둥에 주련(柱聯) 7개가 있었으나 현재는 없다. 필자가 재직 당시 토종벌이 누마루 천장에 집을 짓고 살았던 기억이 난다.

출처: 문화재청 제공, 사진작가 서헌강

---

5)　드므 : 중요한 건물 주변에 물을 담아 놓은 그릇(독). 불이 났을 때 방화수로 사용함.

5. 대통령과 가족이 살던 관저(官邸)

1) 관저

관저는 대통령과 그의 가족들의 전용 생활공간이다.

노태우 대통령 이전에는 수궁터에 있던 청와대에서 1층은 집무실로 2층은 관저로 사용하며, 대통령의 집무실과 가족의 생활공간이 구분되지 않았다. 대한민국의 국력과 위상에 미치지 못하는 협소한 공간으로 생활에 어려움이 많아 새 관저를 1989년 8월 28일 착공하여 1990년 10월 25일 준공하였으며, 연면적은 2,684㎡이다.

팔작지붕의 전통 한옥 양식 건물로 목재는 강원도 강릉시에서 자란 홍송(紅松)을 사용하였다. 생활공간인 본채와 접견 행사 공간인 별채를 따로 배치하였다. 앞마당에는 사랑채인 청안당이 있다.

관저 건축으로 이 자리에 있던 침류각, 오운정, 석조여래좌상은 조금 떨어진 인근 장소로 이전하였다.

출처: 문화재청 제공, 사진작가 서헌강

2) 관저 뜰

관저의 내정 면적은 1,100㎡이다. 전통 조경 양식에 따라 조성되었으며, 잔디마당 주변에 조형 소나무와 화목류, 초화류를 심었다. 철 따라 꽃이 피는 금낭화, 하늘매발톱, 바위솔 같은 야생화와 팬지, 봉선화 등 일년초를 대통령과 가족들이 직접 심고 가꾸는 소박한 정원이다.

뒤뜰에는 암반의 돌 틈 사이에서 흘러나오는 약수터가 있으나 음용수로는 사용하지 않고 있다. 암반에 낙석방지망을 설치하고 인동덩굴 등을 심어서 녹화하였다.

3) 청안당

청안당은 관저 내정에 있는 사랑채 즉 별채이다. 대통령과 가족들이 때때로 이용하는 안정감 있는 장소이다. 청안당의 연면적은 36㎡이다.

출처: 문화재청 제공, 사진작가 서헌강

4) 인수문

인수문은 관저의 대문이다. 인수문(仁壽門)이란 이 문을 사용하는 사람은 어질고 인덕이 많으며 장수한다는 의미를 담고 있다. 전통 한옥의 분위기에 맞게 삼문[6]을 내었으며 대통령께서는 이 문을 통하여 걸어서 출입하였다.

인수문 앞에 소나무 3그루가 심겨 있는데 이곳을 관저 회차로라고 한다. 회차로 원형 녹지 사이로 인수문이 보이고 3그루 소나무 중 2그루는 기념식수 나무이다.

---

6) 삼문 : 대궐이나 관청 앞에 세운 세 문. 정문, 동협문, 서협문을 말한다.

인수문

관저 회차로

6. 조선 제일의 명당, 천하제일복지(天下第一福地)

천하제일복지(天下第一福地)는 관저 바로 뒤쪽에 있는 암반에 새겨져 있다. 아무나 들어갈 수 없는 자리이다. 청와대 직원들도 볼 수 없었던 숨겨진 공간에 있었다. 이를 통해 청와대 자리가 예부터 명당이었음을 알 수 있다.

천하제일복지 각자는 자연 암반에 가로 200cm, 세로 130cm의 장방형이다. 그 안에 구획을 만들어 각자를 새겼으며 300~400년 전에 새겼다고 추정하고 있다.

표석 왼편에 연릉오거(延陵吳据)라는 작은 글자가 있는 것으로 보아 중국 남송시대 연릉지역 출신인 오거의 글씨를 집자한 것으로 추정하고 있다.

7. 신선도 머문다는 오운정(五雲亭)

　오운이란 오색의 구름으로 별천지이다. 신선의 세계를 상징한다.

　오운정의 이름은 경복궁 후원에 있었던 오운각에서 유래된 것으로 보인다. 가로 3m, 세로 3m 규모의 조그만 정자이며 현판의 글씨는 이승만 대통령이 쓴 것이다.

　오운정은 대통령 관저 자리에 있었으나 1989년 관저를 신축하면서 지금의 자리로 옮겨졌다. 서울시 유형문화재 102호로 지정되어 있다. 특징은 지붕이 이익공(二翼工)[7] 형식을 취하고 바닥은 마루이며 사방은 세살청판분합문으로 되어 있다.

출처: 문화재청 제공, 사진작가 서헌강

---

7)　이익공 : 기둥머리에 두공과 창방에 교차되는 상하 두 개의 쇠서로 짜인 공포.

8. 최고의 미남 석불, 석조여래좌상(石造如來坐像)

석조여래좌상은 9세기경 통일신라시대에 만들어진 높이 1.3m 불상이다. 원래는 경주 남산의 옛 절터에 있었다고 한다. 이 불상은 우리나라에서 가장 잘생긴 불상이라 하여 미남불이라고도 부른다.

일제강점기인 1912년 데라우치 총독이 경주에서 총독부 박물관으로 이전한 것으로 소장처는 남산의 총독관저인 왜성대였다. 1939년 총독관사를 청와대 자리로 옮기면서 왜성대에서 청와대 자리로 이전되었다.

지금의 대통령 관저 자리에 있던 것을 1989년도 관저를 신축할 때 100여m 떨어진 관저 뒷산으로 옮겼으며 보호각은 5공화국 초에 지어졌다.

서울시 유형문화재 24호였다가 2018년 4월 20일 국가지정문화재 보물 1977호로 승격되었다.

출처: 문화재청 제공, 사진작가 서헌강

9. 비밀의 궁, 청와대 본관

남산에서 마주 보는 산이 북악산이다. 북악산 산기슭에 푸른 기와집이 보인다. 청와대라고 부른다. 청와대 본관으로 청와대를 상징하는 건물이다.

무엇을 할까? 누가 있을까?

이른 아침, 본관 앞에 검은 세단이 정차한다.

만면에 미소를 띤, 때로는 수심에 가득 찬 분이 내린다.

대통령의 출근 모습이다.

본관은 대통령 집무실이다.

국빈 접견, 수석비서관 회의, 국무회의 등 국정을 논하고 국정 현안을 결정하는 곳이다.

지금의 본관은 노태우 대통령 재임 때인 1989년 7월 22일 착공하여 1991년 9월 4일 준공하였다. 옛 왕궁의 건축양식으로 연건평은 8,476㎡이다. 팔작지붕의 청기와는 도자기를 굽듯 구운 기와 15만 장으로 지붕을 이은 것이다.

출처: 문화재청 제공, 사진작가 서헌강

1층은 인왕실과 여사님의 집무실인 무궁화실이 있다.

2층은 대통령 집무실, 접견실, 비서관 회의를 하는 집현실, 다과회장인 백악실이 있다.

1층에서 2층으로 올라가는 중앙계단 전면에는 대한민국을 대표하는 '금수강산도'가 있고, 천장에는 '천상열차분야지도'가 있다. 통로의 레드카펫 옆의 벽면에서 주요 미술품을 상시 전시하였다.

2층 대통령 집무실
출처: 문화재청 제공, 사진작가 서헌강

2층 대통령 집무실 옆 접견실 및 회의실
출처: 문화재청 제공, 사진작가 서헌강

청와대야 소풍 가자

1층에는 동서로 두 개의 별관이 있는데 세종실과 충무실이다. 동쪽의 충무실은 임명장 수여, 브리핑, 중 규모 연회를 할 수 있는 공간이다.

서쪽의 세종실은 국무회의 등 국정의 주요 회의를 하며 전실에는 역대 대통령의 초상화가 전시되어 있다.

세종실

충무실

2층 계단 전면부에 있는 금수강산도
출처: 문화재청 제공, 사진작가 서헌강

역대 대통령 초상화
출처: 문화재청 제공, 사진작가 서헌강

청와대야 소풍 가자

역대 여사님 사진
출처: 문화재청 제공, 사진작가 서헌강

10. 비서관들의 일터, 위민관(爲民館)

위민관은 대통령실 직원들이 일하는 곳이다.

자세히 설명하면 대통령실장, 수석비서관, 비서관, 행정관, 행정요원들이 근무하는 곳이다. 아침 일찍부터 저녁 늦게까지 등불이 꺼지지 않는 곳이다. 얼리버드, 새벽형 인간들이 모여 사는 집단이다. 어느 정부이든 간에 비서실 직원들은 국가와 민족을 위하여 최선을 다하면서 일한다.

위민관, 정권에 따라 여민관으로도 불리기도 하였다. 여민관은 국민과 함께 즐거움을 같이한다는 뜻이다. 반면, 위민관은 세종의 위민정치를 본받겠다는 의미를 담고 있다.

위민관은 3개 동이다. 위민1관은 2002년 12월 4일 준공한 3층 건물로 연면적 3,220.54㎡, 위민2관은 1969년 2월 28일 준공한 3층 건물로 연면적 5,446.87㎡, 위민3관은 1972년 10월 준공 3층 건물로 연면적은 4,018.24㎡이다.

위민1관

청와대야 소풍 가자

위민2관

위민3관, 왼쪽으로 보이는 산이 인왕산이다.

연풍문은 청와대의 얼굴이다.

누구든 청와대를 방문할 때는 이 장소를 거쳐 보안 검색을 받아야 한다. 두근거리기도 하고, 두렵기도 하고, 처음 들어올 때 검문 검색으로 기분이 썩 좋지는 않다. 연풍문에서 보안 검색을 마치면 위민관으로 들어가거나 연풍문 면회실에서 직원들을 만날 수 있었다. 청와대 직원들도 출입할 때마다 출입 카드를 찍고 다녔다.

연풍문은 과거 40년 이상 된 북악 안내실을 철거하고 새로 지은 건물이다. 2008년 9월 착공하여 2009년 2월 15일에 준공한 지상 2층, 지하 1층에 연면적 859㎡ 규모로 청와대 최초 그린 오피스(Green Office) 건물이다. 1층에는 방문객 안내실, 휴게실, 은행, 화장실과 출입 게이트, 2층에는 북카페와 휴게실, 접견실, 회의실이 있다.

연풍문은 2008년 새해 사자성어로 이명박 대통령이 꼽은 시화연풍(時和年豊)의 연풍에서 따온 것이다. 시화연풍은 "나라가 태평하고 해마다 풍년이 든다."라는 뜻이다.

연풍문과 건축을 담당하였던 필자와 행정관들(출처: 문화체육관광부 위클리공감)

12. 대통령만 출입하는 정문

청와대 정문은 대통령과 국빈, 국무위원 등이 출입하는 곳으로 철통같은 보안 시스템이 있다. 정문 앞 초소에는 3명의 경호관들이 24시간 경비를 서고 있다.

청와대 정문을 들어서면 대정원이고 회차로를 지나면 대통령 집무실인 본관이다. 본관 뒤에는 북악산이 주산으로 자리 잡고 있으며, 북악산 봉우리는 채 피지 않은 모란 꽃송이 모양이라고 한다.

정문은 사진에서 보는 것처럼 4개의 기둥이 있다. 맨 오른쪽 기둥에 '청와대로 1'이라는 도로명 표지판이 있다. 양쪽 철문 중앙에는 봉황무늬가 각각 있다. 정문의 크기는 폭 12m, 높이 3.6m이다.

청와대 정문은 일명 11문이라고 부른다. 경복궁 북문인 신무문 밖 보도에서 청와대를 바라볼 수 있다. 경복궁 신무문 앞에 포토라인을 설치하여 방문객들이 사진을 찍는 장소로 제공하고 있다.

13. 국빈 환영과 대규모 행사장인 영빈관(迎賓館)

1) 영빈관

영빈관은 말 그대로 손님을 맞이하는 곳이다. 외국의 대통령이나 수상이 방문하였을 때 민속공연, 만찬 등의 환영 행사와 대규모 주요 회의를 개최하는 장소이다. 1층 행사장은 국민들의 환영 행사, 문화 공연, 청와대 직원 조회 등 대규모 회의 장소로 사용하였으며, 2층은 오찬과 만찬 행사 장소이다.

영빈관은 1978년 1월 15일 착공하여 1978년 12월 22일 준공한 건물이다. 2층 건물로 연면적은 5,904㎡이다. 영빈관에는 30개의 대형 기둥이 있는데, 전면의 4개 기둥은 이음새가 없이 통석으로 1개의 무게는 무려 60톤에 달하며 전북 익산의 황등석이다.

영빈관 내부는 무궁화와 월계수로 장식하고 정면 벽 중앙에 봉황 문양이 새겨져 있다. 이 문양은 태평성대와 대통령을 상징하고, 천정의 원형은 대화합을 상징한다.

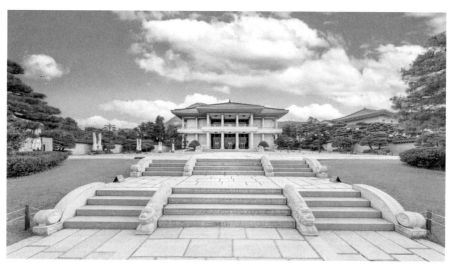

영빈관
출처: 문화재청 제공, 사진작가 서헌강

청와대야 소풍 가자

1층 행사장
출처: 문화재청 제공, 사진작가 서헌강

2층 접견실

2층 행사장
출처: 문화재청 제공, 사진작가 서헌강

2) 팔도배미터

영빈관 앞마당에는 팔도배미터가 있다. 팔도배미란 1893년 고종은 신무문 밖 후원에 논밭을 8구역, 조선의 전국 8도를 상징하는 친경전을 만들어 친히 농사를 지으면서 농사의 풍흉을 살피던 곳이다. 이러한 배경을 바탕으로 2000년 6월에 영빈관 앞뜰을 좌우 8권역으로 나누고, 옛 왕궁의 정전 등에서 볼 수 있는 삼도의 품계를 나타내는 마당을 만들었다.

청와대야 소풍 가자

14. 경제회의 전용공간, 서별관(西別館)

　서별관은 청와대 경제 관련 비서관실에서 주로 이용하는 장소이다. 국정과 관련된 경제·금융정책 관련 회의를 한다. 언론에 가끔씩 비밀회의 장소라고 보도되는 일이 있었다.

　서별관은 청와대 출입문인 시화문을 나가기 전에 있는 건물이다. 1981년 9월에 건축되었으며, 연면적은 595.97㎡이다. 2010년도에 공조시스템을 갖춘 회의실로 리모델링을 하였다.

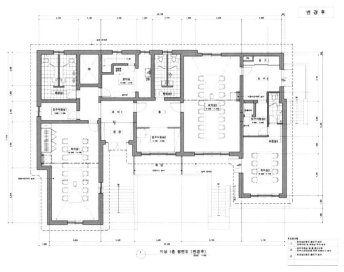

지상 1층 평면도 (변경 후)

15. 칠궁(七宮)의 여인들

비운의 여인일까? 사랑받은 왕비일까?

이름 없이 사라진 후궁이 대부분이지만, 칠궁은 후궁이지만 왕을 낳은 여인들의 신위를 모셔 놓은 사당이다.

칠궁에 모신 신위는 다음과 같다.

① 저경궁, 선조의 후궁, 추존한 원종의 생모인 인빈 김씨의 사당

② 대빈궁, 숙종의 후궁, 경종의 생모인 희빈 장씨의 사당

③ 육상궁, 숙종의 후궁, 영조의 생모인 숙빈 최씨의 사당

④ 연호궁, 영조의 후궁, 추존한 진종의 생모인 정빈 이씨 사당

⑤ 선희궁, 영조의 후궁, 추존한 장조의 생모인 영빈 이씨 사당

⑥ 경우궁, 정조의 후궁, 순조의 생모인 유비 박씨의 사당

⑦ 덕안궁, 고종의 후궁, 순종에 이어 이왕(李王)이 된 이은의 생모인 순헌황귀비 엄씨의 사당이다.

칠궁이란 명칭은 원래부터 있었던 것이 아니었다. 처음에는 1725년 영조의 생모인 숙빈 최씨(淑嬪崔氏) 사당으로 세운 숙빈묘만 있었는데, 숙빈묘는 영조 20년(1744년) 육상묘로, 영조 29년(1753년) 육상궁으로, 대한제국 때에는 육궁, 1929년부터는 칠궁으로 이름을 고쳐 불렀으며, 문화재청에서 1966년 사적 제149호로 지정하였다. 청와대 개방 이전에도 일반인들이 자유롭게 관람할 수 있었다.

16. 청와대 역사문화 홍보관, 청와대 사랑채

청와대 사랑채는 역대 대통령의 발자취와 한국의 관광지를 소개하는 종합 관광 홍보관이다.

사랑채는 청와대의 역사를 소개하고 있다. 청와대(青瓦臺)는 '푸른 기왓장으로 지붕을 이은 건물'이라고 소개하고 있다. 대한민국 대통령이 일하고 생활하는 공간이다. 옛 청와대 터부터 현재의 청와대 모습을 갖추기까지 변화과정을 알 수 있다.

역대 대통령이 각 나라의 정상에게서 받은 선물과 세계 각국의 예술작품을 만날 수 있는 전시 공간도 있다. 역대 대통령의 사진과 재임 기간 중 업적과 대통령의 휴가지는 어떤 곳이 있는지를 확인할 수 있다. 또한 유네스코 세계유산에 등재된 한국의 문화유산 등 아름다운 관광지를 구석구석 살펴볼 수 있는 곳이다.

사랑채는 대한민국 정부의 녹색성장 정책에 발맞춰 화석연료 사용을 줄이고, 태양 에너지와 지열 사용량을 늘린 저탄소 녹색 건물로 2010년 1월 4일에 준공하였다.

PART 03

비밀의 정원
(The secret garden)

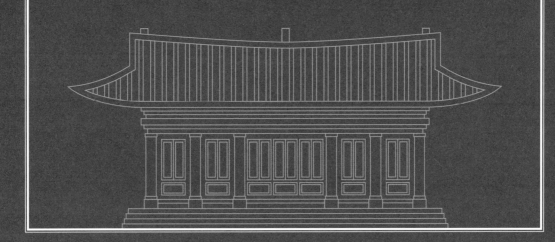

1. 발길이 머무는 녹지원(錄地園)

들어서는 순간, 발걸음이 멈춰진다.

밑동에서 힘차게 뻗은 세 줄기, 가지런하고 튼튼한 가지, 틈새 없이 빽빽한 솔잎, 둥근 형상의 모습을 한 반송이 잔디밭에 서 있다.

아~ 감탄사가 절로 나온다.

이것이 녹지원에서 처음으로 느끼는 감성이다.

녹지원은 경복궁 후원으로 조선시대에 문·무과의 과거를 보던 장소였다. 일제강점기에는 총독관저의 정원이 되면서 가축 사육장, 온실로도 사용되었다. 근래에는 어린이날 행사, 장애인의 날 행사, Homecoming Day 행사 등 대통령이 참석하는 야외 행사를 개최한다.

박정희 대통령 재임 때에 경제 발전과 국력 신장으로 야외 행사를 할 수 있는 장소가 필요하였다. 그래서 1968년에 5,289㎡의 규모로 조성하였으나 행사의 빈도가 늘어나면서 1985년에 5,620㎡로 확장하였다. 잔디밭 가장자리에는 조깅 정도는 할 수 있는 둘레길이 있다. 1993년 7월 11일 아침에 김영삼 대통령과 빌 클린턴 미국 대통령이 녹지원 둘레길을 15분 20초간 달렸다는 기록이 있다.

잔디밭 가운데는 높이 17m, 폭 18m, 177살의 반송이 청와대를 대표하고 있다. 왼쪽에는 4그루의 소나무가 반송을 받쳐 주고, 주변에는 120여 종의 나무들이 아름다운 숲을 이루고 있다.

계절에 따라 왕벚나무, 회화나무, 단풍나무가 고유의 색깔을 낸다.

철 따라 피는 야생화는 가는 사람들의 발길을 머물게 한다. 봄이면 숲 언저리에 수선화, 매발톱, 가을이면 둘레길을 따라 코스모스가 정겹게 피었던 모습이 남아 있다. 한때 청와대에 살고 있던 꽃사슴이 야생화 꽃봉오리가 맺히면 모조리 따먹어 치우던 것이 기억이 난다. 녹지원 주변에는 대통령의 기념식수도 여러 그루 있다.

녹지원의 사계절

2. 의전행사 전용 대정원

청와대 대정원은 잔디광장이다.

사진에서 보는 것처럼 외국의 대통령이나 수석 등의 국빈 방문 시 의장대 사열 등 의식행사를 하는 곳이다. 중앙에 연단이 있고 아래쪽에 사열대가 있다.

잔디밭을 중심으로 순환 회차로가 있다. 회차로 바깥에는 반송 32그루가 안정감 있게 자라고 있다.

잔디밭 규모는 4,893㎡로 1991년 본관 신축과 동시에 조성되었다. 잔디는 난지형이다. 즉, 자생종인 한국 잔디로 공해와 추위에는 잘 견디나 재생력이 약하고 한지형 잔디에 비해 초록색을 유지하는 기간이 짧다. 잔디의 학명은 *Zoysia japonica* Steud이며, 벼과식물에 속하는 다년생 초본류이다.

3. 불로문이 있는 소정원(笑庭園)

소정원은 본관과 녹지원 사이에 있는 정원이다. 원래의 모습은 청와대 경내에서 가장 폐쇄되고 음습한 장소로 조경과 건설 사업으로 발생한 폐기물을 쌓아 두던 장소였다. 필자는 2010년도에 전통식 정원과 근·현대식 정원의 두 가지 개선안을 마련하였다. 원래는 전통식 정원으로 추진하려 하였으나 사업비가 과다한 단점이 있어 근·현대식 정원을 조성하는 안을 대통령께 보고하였다.

소정원은 2010년 1월에 착공하여 2010년 4월 5일 준공하였으며, 면적은 15,535㎡이다. 주요 시설은 불로문, 야생화원, 거울 연못, 휴게시설 등이 있다. 거울 연못은 북악산과 인왕산을 연못 속에 비치도록 하여 화기를 물속에 넣어 기운을 약하게 한다는 풍수적 의미를 담았다. 불로문은 석재 통문으로 창덕궁 연경당 입구의 문을 본떠 만들었다. 높이 230cm, 넓이 150cm이며 이 문을 지나는 사람은 무병장수한다는 스토리텔링을 담았다. 야생화원은 자생종을 기본으로 조성하여 사계절 꽃을 볼 수 있도록 하였다. 하늘에서 보면 나비 모양인데 세계로 뻗어 가는 대한민국의 번영을 상징하고 있다.

근·현대적 설계안   전통조경 설계안

소정원 조감도. 조경설계서안(주) 대표 신현돈

소정원 불로문(不老門)

거울 연못에 투영된 북악산의 모습

청와대야 소풍 가자

소정원은 화려하지는 않지만, 야생화들이 반겨 주는 곳이다. 그래서인지 대통령께서는 이곳을 출퇴근길로 이용하기도 하였다.

공사 중일 때이다. 이곳을 지나시다가 말씀하신 일화가 있다.

"돌 너무 좋아하지 말라. 저기 쥐 뜯어먹었나?"

자연친화적인 정원으로 조성하도록 지시하신 말씀이다.

"저기 쥐 뜯어먹었나?"는 야생화의 꽃 피는 모습을 보고 하신 말씀이다. 야생화는 품종별로 특성상 새싹이 돋아나고, 꽃이 올라오는 시기가 달라 봄철에 군데군데 빈 땅이 생기는 현상 때문이다.

소정원은 2010년 G20 정상회의, 2011년 핵안보정상회의 시 외교 의전 공간으로도 활용하였다.

야생화원

거울연못

필자의 기억이다. 소정원 공사 때인 2010년 3월은 유난히 비가 많이 왔다. 통상적으로 우리나라 봄 날씨는 건조하여 산불도 많이 일어난다. 그런데 2010년 3월에는 하루건너 비가 내린 것으로 기억된다. 또한, 4월 5일 식목일 기념식수는 소정원 준공 기념으로 무궁화나무를 심겠다고 대통령에게 보고가 되어 있었다. 공사 기간을 맞추기 위하여 비가 오는 중에는 테크 조성 작업장에 천막을 설치하여 작업하고 야간작업도 병행하였다. 어느 날이다. 대통령께서 퇴근길에 이 모습을 보시고 "이제 일 좀 하는구먼"이라고 하셨다.

2010년 4월 5일에 심은 나무는 올해도 무궁화 꽃이 피었습니다.

소정원에서 비 가림 천막 설치 후 작업 및 야간작업 광경

무궁화 기념식수

4. 역사의 흔적, 수궁터(守宮址)

수궁이란 북궐도형의 기록에 의하면 조선시대 및 대한제국 때 경복궁 신무문 밖 후원, 즉 지금의 청와대 자리를 지키는 군사들을 위한 건물이다. 일제강점기 총독의 관사를 짓고, 1948년 8월까지 주한 미군 사령관 하지 중장의 관사로, 1948년도 대한민국 정부수립 이후 이승만 대통령과 역대 대통령의 집무실과 관저로 사용되었다.

1990년 10월 현재 관저를 1991년 9월에 본관을 신축하였고, 그대로 남아 있던 구 본관(아래 사진)을 1993년도 일제 잔재 청산 차원에서 철거하였다. 이후 이곳에 기록표지판을 세우고 정원을 조성한 것이 수궁터 정원이다.

역사의 흔적을 고스란히 머금고 있는 수궁터 정원은 2,582㎡이고 744년 된 주목을 비롯하여, 소나무, 단풍나무, 산딸나무 등과 대통령 기념식수 나무도 있다.

시계 방향으로 구 본관, 안내 표석, 명당 쉼터, 절병통(節瓶桶)

5. 용버들이 트림하는 버들마당

버들마당은 경호실 앞을 가리던 내부 정원이었다.

연풍문 옆으로 들어오는 12문 바로 앞에 자작나무 숲이 차량 출입을 제어하고 있었다. 내부 정원은 사철나무, 측백나무 등의 상록수를 빽빽하게 심어 외부에서 청와대가 보이지 않도록 차폐하였다. 바닥에는 폐철도 침목과 자갈이 깔려 있어 토양이 오염되고, 폐쇄된 공간에서 직원들의 흡연 장소로 이용되어 녹지공간이지만 악취로 가득 차 있었다.

필자가 일했던 2008년도에 정책 기조가 소통과 개방으로 바뀌면서 비서동 칸막이를 낮추고, 외부공간도 소통과 나눔의 공간으로 개선하였다. 조경 전문가, 관계기관, 실무진들과 여러 번 의견을 나누고 현장실사를 통하여 설계안을 마련하였다.

설계의 기본방향은 우울한 숲에서 친환경 공간으로, 폐쇄적 공간에서 나눔의 공간으로, 버려진 공간을 실용적 공간으로 개선하는 것이었다. "하늘은 둥글고 땅은 모나다."란 천원지방(天圓地方)을 모티브로 사각의 부지에 원형의 앉음석과 분수를 배치하였다. 바닥과 둘레길은 나무 데크를 깔고 쉼터를 배치하고 꽃을 볼 수 있는 화단을 조성하고 대상지에 자라고 있던 용버들, 물푸레나무, 은행나무, 감나무 등 큰 나무는 전부 보전하였다. 2008년도 6월에 착공하여 2008년 10월 9일 준공하였으며 연면적은 2,469㎡(747평)이다.

정원 이름은 공모로 선정하였다. 국민, 비서실 직원 등 100여 명 이상이 참여하였고, 김회구 비서관께서 제안한 '버들마당'이 선정위원회 의결을 거쳐 결정되었다. 선정 이유는 정치적 색깔이 없다는 의미가 가장 컸다.

버들마당 공사 후 모습과 표석
돌 틈새 리시마키아는 예쁘게 자랐으나 지금은 없어졌다

버들마당에 까치밥인 감나무가 있었다

청와대야 소풍 가자

6. 상춘재 뒤뜰을 바라보며

상춘재는 "항상 봄이 머무는 곳"이다. 비밀의 정원, 뒤뜰이 있다. 공개되지 않은 장소이다.

대청마루에서 바라보면 작지만 언제나 정갈스럽게 꾸며져 있다.

수선화를 비롯한 꽃들이 봄부터 가을까지 핀다.

겨울에는 이엉 위에 흰 눈이 쌓여 봄을 기다리고 있다.

조경석, 회양목, 주목, 눈향나무가 이엉을 감싸고 있는 것이 겨울의 모습이다. 현재의 뒤뜰은 장대석을 쌓아 전통 화계를 조성하였다.

상춘재 앞뜰은 양잔디와 주변에 화목류가 심겨 있고 동문 쪽으로 전통 담장이 보이고, 담장 넘어 대나무 숲이 있다.

앞뜰의 면적은 410㎡, 뒤뜰은 27㎡이다.

7. 흰뺨검둥오리 병아리 떼가 서식하는 실개천

2010년 봄, 실개천 정비 사업을 하였다.

2022년 봄, 흰뺨검둥오리가 실개천에 알을 낳았다.

2022년 여름, 흰뺨검둥오리 병아리 떼가 실개천에 살고 있다.

청와대 실개천은 무명교 위쪽 계곡에서 시작하여, 용충교로 물이 내려오는 작은 계천(溪川)이다. 2010년 이전에는 건천으로 물이 상시 흐르지 않았고, 무명교 아래에는 하상이 뻘 형태로 곳곳에 물이 고여 썩은 냄새가 나고 수질이 나빴다. 녹지원 바로 옆을 지나는 계류여서 환경·생태·경관적으로 매우 열악하던 곳을 필자의 의견에 따라 물 순환 시스템, 모래와 자갈, 조경석, 수생식물의 도입을 통해 생명이 있는 실개천으로 개선하였다.

기본계획 당시 하천 재원은 연장 265m, 폭 0.5~2m, 수심 0.1~2.0m, 1일 유지용수량 600톤, 유지용수 확보는 지하수와 담수의 리사이클링으로 사용이 가능하도록 계획하였다.

〈기본 계획〉 실개천 정비, 소정원 조성, 수영장차폐식수

이 계획에 따라 수변에 수생식물 식재를 통한 녹색 공간, 사람들이 보고 즐기고, 산책할 수 있는 친수공간을 조성하여 생명이 있는 생태하천으로 변모하였다. 시간이 흐르면서 생태하천으로 지속성이 유지되자 틈틈이 원앙, 왜가리, 흰뺨검둥오리가 찾아왔다. 2022년도 개방과 더불어 흰뺨검둥오리는 실개천에 산란하고 부화하여 아기 병아리 떼와 함께 청와대에서 살아가고 있었다.

녹지원 최초의 벤치가 2010년 5월에 만들어졌다. 이전에는 제어판넬이 노출되어 경관을 해치고 있었다. 실개천 정비 사업을 하면서 제어판넬을 경관과 어울리게 쉼터로서 기능을 가지게 하고자 의자형 벤치를 설치하였다.

의자형 벤치 설치과정에서 있었던 일화가 있다. 대통령께서 휴일에 진돗개와 산책하며 ②번 광경을 보시고 "여기에 왜 널을 가져다 놓았지?"라고 하셔서 ③번과 같이 의자형 벤치를 제작,

설치하였다. 그런데 의자형 벤치를 설치하고 바닥의 경사면에 경사 보완을 위해 ③번과 같이 계단을 설치하였는데 대통령께서 "여기 내가 걸려 넘어지라고 계단을 만들어 놓았지?"라고 하셨다. 그래서 ④번과 같이 턱을 없애고 가장자리 시설을 보완하여 현재까지 잘 이용하고 있다. 참고로 의자 디자인과 제작에 700만 원이 들었다.

그해 봄. 꽃샘추위와 함께 소정원, 실개천 조성 공사를 하면서, 적막한 구중궁궐 초병들의 감독하에 우중작업·야간작업을 하느라 무척 힘들었던 기억이 난다. 그때 필자는 이렇게 생각했다.

"이 또한 지나가리라(This too shall pass)."

① 제어시설보호 구조물

② 제어판넬 덮개 설치

③ 데크 설치 후 턱이 생김

④ 데크 바닥 턱을 없앰

청와대야 소풍 가자

8. 대통령의 농사터, 친경전

농경사회에서 동아시아의 왕들은 몸소 농사를 체험하고 권장하며 풍년을 기원하고 풍흉을 목적으로 전답을 만들었는데 이를 친경전, 적전이라고 하였다. 조선시대에는 "팔도배미"라고 불렀다.

청와대 경내에도 친경전이 있다.

침류각 뒤뜰에 150㎡의 밭에 상추, 파, 배추 등 야채류를 재배하고 침류각 앞뜰에 70㎡ 농사를 지었다. 주로 대통령 내외분과 가족들이 휴일에 산책을 겸하여 친경전을 살펴보곤 하였다.

9. 식물의 보고(寶庫) 온실

　청와대는 본관, 영빈관을 비롯하여 많은 행사를 한다.

　행사장을 꾸미는 꽃과 식물은 어떻게 할까?

　청와대에는 온실이 있다. 전문직 공무원들도 20여 명이 있다. 이 직원들이 직접 식물들의 분갈이와 관리를 하고 행사의 성격에 맞게 장소를 꾸민다.

　종려죽, 관음죽, 난류, 영산홍, 화목류, 관엽식물 등 110여 종 이상 품질 좋은 장식용 식물을 보유하고 있다. 난과 꽃 종류는 양재, 서초동 등의 화훼시장에서 직접 구매하여 화분에 심고 장식하여 행사장에 공급한다. 행사용 꽃이나 관엽식물은 외부에서 공급하는 것이 화훼산업 발전을 위하여 바람직할 수도 있다. 그러나 청와대의 특성상 긴급을 요하는 일이 많아 자급자족 체제를 유지하고 있다.

　온실은 2003년도까지 위민1관 자리에 있었으나, 위민1관 신축으로 2004년도 테니스장이던 이곳에 이전하였다. 시설 자동화가 된 유리온실 1동 591㎡, 2010년도에 지은 온실은 1동 130㎡이다.

10. 비밀의 중정(中庭)

중정의 의미는 가운데 있는 뜰이다.

청와대에도 2개소의 중정이 있다.

하나는 본관에 있다. 다른 하나는 위민1관과 3관 사이에 있다.

본관 중정은 아무나 볼 수 없다. 인왕실 동쪽 창밖에 있으며 큰 창문을 통해서 볼 수 있다. 작지만 소나무와 꽃나무가 심겨 있고 바닥은 자갈과 모래를 깔고 물을 담아 물고기도 풀어 놓았다.

가끔씩 왜가리가 찾아든다고 한다.

위민1관과 3관 사이에 있는 중정은 직원들의 쉼터이다.

100㎡ 규모에 그늘막 1동과 의자가 설치되어 있다.

이 중정에는 붉은 꽃 산딸나무가 봄에 아주 곱게 피어 직원들의 눈길을 사로잡기도 한다.

본관 중정

청와대야 소풍 가자

위민관 중정

11. 연못과 옹달샘

　청와대에는 관상용 물고기를 키우는 연못과 약수터로 쓰였던 옹달샘이 있다. 연못은 관저 회차로, 용충교, 백악교, 본관 중정, 소정원 거울 연못이 있다. 연못에는 비단잉어, 잉어, 붕어, 피라미, 버들치 등이 살고 있다. 관저 연못에는 사료통을 비치하여 대통령께서 산책할 때 한두 번 먹이를 던져 주기도 한다.

　용충교 연못 왼쪽으로 오래전 식수로 사용하던 약수터가 있다. 지금은 약수터로 사용하지 않고 경관용 석재 장식으로 주변 경관을 조성하며, 샘물을 용충교 연못으로 흘러내리도록 하였다.

용충교

백악교

관저 연못

용충교로 흐르는 옹달샘

12. 헬기장 잔디정원

춘추관에서 청와대 경내로 들어오면 바로 녹색의 광장이 있다.

융단처럼 깔린 잔디정원은 너무나 평화롭게 보인다.

6,270㎡로 대면적이다. 이곳이 청와대 헬기장이다.

헬기장은 대통령께서 지방 순회를 할 때 헬기에 타고 내리는 장소이다. 헬기장 잔디정원 아래에는 지하 벙커이며 국가위기관리센터가 있었다.

잔디정원에는 스프링클러 시설이 되어 있고 1년에 25회 정도 잔디를 깎아 항상 깔끔한 모습으로 준비되어 있다. 헬기장 뒤쪽으로 보이는 것이 위민관과 북악산으로, 북악산이 의연한 자태를 간직하면서 청와대를 내려다보고 있다.

헬기장에서 바라본 북악산 정상의 모습

13. 춘추관 옥상정원

청와대에도 옥상정원이 있다.

춘추관과 수영장에 옥상정원이 조성되었다.

옥상정원은 녹지가 외부의 열을 차단하여 여름에는 건물 내부의 온도를 낮추고 겨울은 온도를 높여 주는 에너지 절약 효과를 얻을 수 있다. 녹지의 경우 여름철에 2~3℃ 정도 온도를 낮춘다고 한다.

청와대 옥상정원도 저탄소 녹색성장의 일환으로 2009년 수영장, 2011년 춘추관에 조성하였다. 아래 마스터플랜은 춘추관 2, 3층 옥상정원 계획도이다.

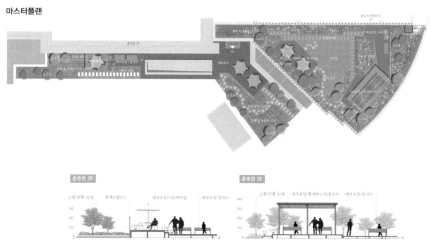

14. 숲속 쉼터의 명당, 녹지원 데크

녹지원에서 소정원 가는 길목 숲속에 80㎡의 쉼터가 있다. 이곳은 각종 시설을 관리하는 제어장치와 초소를 은폐하려고 나무로 차폐식재를 한 장소이다. 큰 나무 밑이라 측백나무를 매년 교체하였는데 필자가 목재 테크를 설치하자고 제안하여 2012년 9월 데크를 설치하고 통나무의자를 배치하여 쉼터를 만들었다. 단풍을 보며, 바람 소리, 새소리를 들을 수 있는 곳이다.

이제는 청와대 직원들이 본관 집무실에 보고를 오가면서 잠시 들려 보고내용을 가다듬는 쉼터가 되었다고 한다. 숲이 주는 피톤치드를 통해 안정된 마음가짐을 가지고자 하였던 것이 아닌가 싶다.

피톤치드(phytoncide)의 의미는 다음과 같다.

식물이 자신의 생존을 어렵게 만드는 박테리아, 곰팡이, 해충 등을 퇴치하기 위해 의도적으로 생산하는 살생 효능을 가진 휘발성 유기 화합물을 통틀어 일컫는 말이다. '식물의'를 뜻하는 'phyton'과 '죽이다'를 뜻하는 'cide'의 합성어로 1937년 러시아 레닌그라드 대학의 생화학자 보리스 토킨(Boris P. Tokin)이 처음 사용한 용어이다.

제어시설 상부에 목재 데크를 설치하기 전 모습과 데크를 설치한 후 낙엽 진 단풍 모습

15. 청와대 가로수길

청와대 가로수길은 경복궁을 순환하는 2.7km 정도이다.

광화문에서 국립고궁박물관, 분수대, 춘추관, 동십자각, 광화문까지 순환되는 길이다. 통의동 구간에는 한 아름 넘는 버즘나무가, 청와대 앞길은 은행나무가, 삼청동길 쪽으로는 왕벚나무가 심겨 있다.

효자동 분수대에서 우회전하면 청와대 앞길이다.

아름드리 은행나무가 가을을 수놓고 있다.

서울에서 가장 보기 좋은 가로수 길 중의 하나이다.

분수대에서 춘추관까지 짧은 거리지만 이 길을 지나는 국민들에게 볼거리를 제공해 주는 곳이다.

16. 효자동 분수대

청와대 분수대는 일제강점기 때 효자동 전차 종점이 있었다.

효자동 분수대, 유서 깊은 장소이다. 지구본 위에 봉황이 날고 있다. 외국인 관광객들이 청와대 주변을 관광할 때 가장 먼저 둘러보는 곳이다. 분수대 안내문에는 다음과 같이 기록되어 있다.

이 분수대는 주변 경관과 조화되게 한국 고유의 전통미를 살리면서 웅장함보다 알차고 수려하게 동(動)보다는 정(靜)을 택하여 조용하고 안정된 분위기를 느끼게 하였다.

온 누리를 상징하는 12개의 기둥을 탑신으로 하고 그 내부 벽면에 십장생도를 조각하였고, 세계 속의 한국의 영광을 나타내는 무궁화로 포장된 지구의 위에 지도자의 상징인 봉황을 조각하여 이곳의 뜻을 새겼고, 평화와 자유, 번영을 구가하는 단란한 국민상을 네 귀에 세워 본체와 조화 있게 하였으며 1985년 11월 18일 설치하였다.

이 분수대에서는 북악산을 한눈에 바라볼 수 있으며 자유, 평화, 단합, 번영을 표현한 조각상 4점과 봉황 조각이 어우러져 멋진 장관을 연출하고 있다. 분수대 중앙에 있는 새는 대통령을 상징하는 봉황이고, 동서남북 사방으로 4개의 석재조각상이 있는데, 모두 어린아이 한 명과 남녀 한 커플이 세트를 구성하고 있다.

효자동 분수대는 한국은행 앞 분수대와 함께 우리나라의 대표적인 상징적 조형 분수로서 2010년도 G20 정상회의를 앞두고 기계실은 물론 주변 녹지를 잔디와 꽃으로 재단장하고 LED 조명을 추가, 야간 경관도 아름답게 정비하여 그해 7월 1일부터 재가동하였다.

1985년 남산미술원 이일영 작가가 설계하였다.

분수대 정면
출처: 문화재청 제공, 사진작가 서헌강

분수대 뒷면

청와대야 소풍 가자

분수대 옆면

PART 04

대통령의 나무

대통령 기념식수 위치도

청와대야 소풍 가자

청와대 경내에는 10분의 대통령께서 건물 준공, 정책 교류 기념, 식목일을 전후하여 기념식수를 하였다. 기념식수 나무와 식재 장소는 특별히 정해진 것은 없었고, 조경 담당 행정관이 보고하여 정하는 것이 일반적인 관례이었다. 아래 표는 수종, 위치, 크기는 심을 당시이고, 나이는 2022년도 현재 나이로 환산한 표이다.

대통령이 심은 나무

연번	수종	위치	크기	본수	현재나이	심은 날	대통령	비고
계	13종			23			10명	
1	가이즈카향나무	영빈관	H4.1×W4.4×R24	1	104	78.12.23	박정희	
2	독일가문비	온실 앞	H12×W8.0×R36	1	78	80.04.01	최규하	
3	백송	상춘재	H11×W8.0×R36	1	77	83.04.01	전두환	
4	구상나무	본관	H7.0×W5.0×R28	1	63	90.04.05	노태우	
5	소나무	춘추관	H7.0×W8.2×R47	1	134	90.09.29	노태우	
6	소나무	관저회차로	H8.0×W7.0×R47	1	125	90.10.25	노태우	
7	주목	온실 앞	H4.2×W3.3×R20	1	62	92.04.05	노태우	구본관 터에 있던 나무
8	산딸나무	수궁터	H4.3×W5.2×R13	1	47	94.04.05	김영삼	
9	복자기	수궁터	H6.7×W6.4×R28	1	43	96.04.05	김영삼	
10	무궁화	영빈관하단	H2.5×W1.3×R13	1	40	00.06.17	김대중	
11	소나무	관저회차로	H7.0×W5.0×R42	1	99	03.04.05	노무현	
12	잣나무	잣나무단지 내	H4.5×W3.0×R7	1	26	04.04.05	노무현	
13	반송	정문 앞	H3.0×W2.7×R19	1	34	08.04.06	이명박	
14	반송	녹지원 서편	H3.0×W3.0×R20	1	33	09.04.05	이명박	
15	무궁화	소정원	H3.0×W2.2×R15	1	37	10.04.05	이명박	
16	이팝나무	소정원	H7.5×W5.0×R24	1	29	13.04.08	박근혜	
17	소나무	수궁터	H4.5×W3.3×R14	1	19	14.04.05	박근혜	
18	무궁화	녹지원	H2.0×W1.2×R7	3	19	15.04.05	박근혜	
19	소나무	여민1관뜰	H6.0×W4.0×R34	1	69	18.04.05	문재인	
20	동백나무	상춘재	H2.7×W2.6×R13	1	23	19.04.07	문재인	
21	소나무	버들마당	H6.2×W5.5×R32	1	19	20.04.22	문재인	
22	은행나무	55경비대대	H7.5×W3.5×R18	1	22	21.04.05	문재인	
23	모감주나무	녹지원 동편	H6.0×W6.0×R18	1	19	22.04.05	문재인	

주) H : 나무 키, W : 수관폭, R : 근원직경

1. 박정희 대통령 기념식수

가이즈카향나무 *Juniperus chinensis* Kaizuka Variegata

가이즈카향나무는 측백나무과에 속하는 상록침엽교목이다.

1978년 12월 23일 박정희 대통령이 영빈관 좌측 담장 앞에 심은 것으로 청와대 경내에서 가장 오래된 기념식수 나무이다.

심을 당시 키 4.1m, 근원직경 24cm였으며, 현재 나이는 104살이다.

이 나무는 1978년 12월 22일 영빈관 준공을 기념하기 위하여 심은 나무이다.

가이즈카향나무는 가지가 고르게 나고 지엽이 밀생하여 정형적인 수형을 만들고 관리하기가 쉬워서 경관식재, 차폐식재, 생울타리 등의 용도로 1970년도 이후 많이 이용되었으나 근래들어 다양한 조경 소재의 개발로 인하여 이용이 많이 줄어들었다.

영빈관. 박정희 대통령 각하 기념식수

2. 최규하 대통령 기념식수

독일가문비 *Picea abies* (L.) H.Karst.

독일가문비는 소나무과에 속하는 상록침엽교목이다.

1980년 4월 1일 녹지원 담장 밖 녹지대에 심었다.

심을 당시 키 12m, 근원직경 36cm였으며, 현재 나이는 78살이다.

유럽이 원산지인 독일가문비는 키가 30~50m까지 크게 자라는 나무이다. 우리나라 토종 가문비나무와는 수형의 차이가 있다.

토심이 깊은 기름진 땅에서 잘 자라며 나무껍질은 붉은빛을 띤 갈색이며 가지가 사방으로 퍼진다. 작은 가지들이 밑으로 처지며 구과가 아래로 향하는 특색이 있다. 어린나무는 크리스마스트리용으로 쓰이며 공원이나 정원에서 관상용으로 심는다.

온실 앞. 최규하 대통령 각하 내외분 기념식수

3. 전두환 대통령 기념식수

백송 *Pinus bungeana* Zucc. ex Endl.

백송은 소나무과에 속하는 상록침엽교목으로 백골송이라고도 한다.

1983년 4월 1일 상춘재 앞마당에 심었다.

심을 당시 키 11m, 근원직경 36cm였으며, 현재 나이는 77살이다.

상춘재가 1983년 4월 5일에 준공하였는데 이를 기념하기 위하여 미리 심은 것으로 보인다.

백송의 특징은 어릴 때는 줄기의 색깔이 연한 녹색을 띠나 나이가 들면서 회백색으로 변한다. 표면이 평활하고 플라타너스처럼 껍질에 얼룩을 만들면서 얇게 나무껍질이 떨어져 나간다. 중국이 원산지인 품종으로 600여 년 전에 도입되었다고 한다.

상춘재. 전두환 대통령 각하 내외분 기념식수

4. 노태우 대통령 기념식수

노태우 대통령은 4그루의 기념식수를 하였다.

1988년 4월 5일 본관 입구에 구상나무, 1990년 9월 29일 춘추관 앞에 소나무, 1990년 10월 25일 관저 앞에 소나무, 1992년 4월 5일 구본관(수궁터)에 있던 주목을 온실 앞으로 옮겨 심었다.

1) 구상나무 *Abies koreana* **E.H.Wilson.**

구상나무는 소나무과에 속하는 상록침엽교목이다.

심을 당시 키는 7m, 근원직경 28cm였으며, 현재 나이는 63살이다. 본관 준공기념으로 심은 우리나라 특산 나무로 해발 1000m가 넘는 고산에서 자라는 나무이다.

본관 입구. 노태우 대통령 기념식수

2) 소나무 *Pinus densiflora* **Siebold & Zucc.**

소나무는 소나무과에 속하는 상록침엽교목이다.

춘추관은 심을 당시 키 7m, 근원직경 47cm, 현재 나이는 134살이다.

1980년도 9월 29일, 춘추관 준공 기념으로 심었다.

관저 회차로는 심을 당시 키 8m, 근원직경 47cm, 현재 나이는 125살이다.

1980년 10월 25일 관저 준공 기념으로 심었다.

① 춘추관 앞. 노태우 대통령 기념식수

② 관저 회차로. 노태우 대통령 내외분 기념식수

청와대야 소풍 가자

3) 주목 *Taxus cuspidata* **Siebold & Zucc.**

주목은 주목과에 속하는 상록침엽교목이다.

1992년 4월 5일 구 본관인 수궁터에 있던 나무를 식목일에 온실 앞으로 옮겨 심었다. 구 본관은 김영삼 대통령 때인 1993년 10월에 철거되었다.

이식 당시 키 4.2m, 근원직경 42cm였으며, 현재 나이는 62살이다.

주목은 고산지대에서 자라는 나무로 수고 17m, 직경이 1m 이상 자라기도 한다. 줄기가 붉어서 주목(朱木)이라 불리며 살아서 천년, 죽어서 천년이 간다는 강인한 생명력을 가진 나무이다.

한국산림과학원에서는 한국산 주목 씨눈에서 항암물질인 택솔이 있다는 것을 밝혔다. 씨눈과 잎, 줄기에 기생하는 곰팡이를 생물공학 기법으로 증식하여 택솔을 대량 생산하는 방법을 개발하였다.

주목. 온실 앞. 노태우 대통령 내외분 기념식수

5. 김영삼 대통령 기념식수

김영삼 대통령은 1994년 4월 5일과 1996년 4월 5일에 수궁터에 산딸나무와 복자기나무를 심었다.

1) 산딸나무 *Comus kousa* **Bürger ex Hance.**

산딸나무는 층층나무과에 속하는 낙엽활엽교목이다.

수궁터는 일제 잔재를 철거한 자리로 김영삼 대통령에게는 특별한 장소이다. 그래서인지 기념식수도 수궁터에서만 했다.

심을 당시 키 4.3m, 근원직경 13cm였으며, 현재 나이는 47살이다.

수궁터 산딸나무는 5월 하순부터 6월 상순경에 흰색 꽃잎이 매우 아름답고 순결하게 피어 매우 탐스럽다. 산딸나무 꽃잎은 마주보기로 십(十) 자로 나는데 이는 꽃잎이 아니라 잎이 변형된 포엽(苞葉)이라고 한다.

수궁터. 김영삼 대통령 내외분 기념식수

2) 복자기 *Acer triflorum* **Kom.**

복자기는 단풍나무과에 속하는 낙엽활엽교목이다.

1994년 기념식수한 산딸나무와 마찬가지로 수궁터에 심었다.

심을 당시 키 6.7m, 근원직경 28cm였으며, 현재 나이는 43살이다.

복자기나무는 중부 이북 지방 산림지역의 건조한 토양에서 자라는, 암수가 다른 나무이다.

가을 단풍 중에서 으뜸으로 밝은 진홍색 잎사귀는 불타는 것 같아서 아름다움이 귀신의 눈병마저 고칠 정도라고 해서 안약나무라고도 부른다. 단풍잎에는 안토시아닌이라는 물질이 있어 가을이 되면 붉은 단풍이 든다.

수궁터. 김영삼 대통령 내외분 기념식수

6. 김대중 대통령 기념식수

무궁화 *Hibiscus syriacus* L.

무궁화는 아욱과에 속하는 낙엽활엽관목이다.

2000년 6월 17일 남북정상회담을 기념하는 뜻에서 심었으며 영빈관 광장 입구에 처음으로 나라꽃 무궁화를 기념식수하였다.

심을 당시 키 2.5m, 근원직경 13cm, 현재 나이는 40살이며, 품종은 홍단심계 영광이다.

근화(槿花)라고도 부르며 꽃말은 끈기, 섬세한 아름다움이다. 내한성(耐寒性)이 강한 수종으로, 꽃피는 기간은 7~10월로 길며 정원·학교·도로변·공원 등의 조경수로 분재용으로 널리 이용되고 한국·싱가포르·홍콩·타이완 등지에서 많이 심고 있다.

영빈관 입구. 김대중 대통령 이희호 여사.
민족 대화합의 길을 여신 첫 남북정상회담(평양, 2000.6.13~15)을
기념하여 무궁화(품종 영광, 홍단심)를 기념식수 하심

청와대야 소풍 가자

7. 노무현 대통령 기념식수

노무현 대통령은 2003년 4월 5일 관저 회차로에 소나무, 2004년 4월 5일 북악산 자락에 잣나무를 심었다.

1) 소나무 *Pinus densiflora* **Siebold & Zucc.**

소나무는 소나무과에 속하는 상록침엽교목이다.

2003년 4월 5일 관저 회차로에 소나무를 기념식수 하였다.

심을 당시 키 7m, 근원직경 42cm였으며, 현재 나이는 99살이다.

관저 회차로는 인수문 앞에서 대통령이 탑승한 차량이 정차하고 출발하는 장소이다.

관저 회차로. 노무현 대통령 권양숙 여사 기념식수

2) 잣나무 *Pinus koraiensis* **Siebold & Zucc.**

소나무과에 속하는 상록침엽교목으로 홍송(紅松)이라고도 한다.

2004년 4월 5일 식목일을 기념하여 북악산 자락 침류각 뒤쪽 산록에 잣나무 단지를 조성하였다.

심을 당시 키 4.5m, 근원직경 7cm였으며, 현재 나이는 26살이다.

노무현 대통령께서는 잣나무 단지를 조성할 때 비서실 직원들과 나무를 심으면서 함께 땀흘리며 화합하는 마음을 보여 주었다.

잣나무는 해발고도 1,000m 이상에서 자라며, 키 20~30m, 지름 1m에 달하는 커다란 나무이다. 영명이 korean pine으로 우리나라 고유 수종이며 전국 어디서나 잘 자란다. 열매는 식용으로 영양가가 높고 맛과 향도 좋다.

북악산 자락. 노무현 대통령·권양숙 여사 기념식수

8. 이명박 대통령 기념식수

이명박 대통령은 2008년 4월 5일 정문 앞 녹지대에 반송, 2009년 4월 5일 녹지원 입구에 반송, 2010년 4월 5일 소정원에 무궁화를 심었다. 2009년도 식목일 기념식수 당시에는 북한이 장거리 로켓을 발사한 날이었다. 청와대는 "북한은 로켓을 쏘지만 우리는 나무를 심는다" 하며 "정부는 북한의 도발에 대해 단호하고 의연하게 대응할 것"이라고 하면서 나무 심기의 중요성을 강조하였다.

1) 반송 *Pinus densiflora for. multicaulis* **Uyeki.**

반송은 소나무과에 속하는 상록침엽교목이다.

2008년 4월 5일 정문 앞 녹지대에 첫 번째 반송을 심었다.

심을 당시 키 3.0m, 근원직경 19cm였으며, 현재 나이는 34살이다.

2009년 4월 5일 녹지원 입구에 두 번째 반송을 심었다.

심을 당시 키 3.0m, 근원직경 20cm였으며, 현재 나이는 33살이다.

반송은 소나무의 한 품종으로 원줄기가 없고 뿌리 부위에서 여러 개의 줄기가 자라서 우산 모양의 반원형을 보인다.

정문 앞, 녹지원. 이명박 대통령·김윤옥 여사 기념식수

2) 무궁화 *Hibiscus syriacus* **L.**

무궁화는 아욱과에 속하는 낙엽활엽관목이다.

2010년 4월 5일에 소정원 준공 기념으로 나라꽃 무궁화를 심었다.

심을 당시 키 3.0m, 근원직경 15cm였으며, 현재 나이는 37살이다.

소정원. 이명박 대통령·김윤옥 여사 기념식수

박근혜 대통령은 2013년 4월 8일 소정원에 이팝나무, 2014년 4월 5일에는 수궁터에 정이품 소나무 후계목인 소나무, 2015년 4월 5일에는 녹지원에 무궁화 3그루를 심었다.

1) 이팝나무 *Chionanthus retusus* **Lindl. & Paxton**

이팝나무는 물푸레나무과에 속하는 활엽낙엽교목이다.

2013년 4월 8일 소정원에 이팝나무를 심었다.

심을 당시 키 7.5m, 근원직경 24cm였으며, 현재 나이는 29살이다.

이 나무는 하얀 눈꽃이라는 의미를 담고 있다. 늦은 봄 꽃송이가 온 나무를 덮을 정도로 피었을 때, 흰 쌀밥처럼 보여 '이밥나무'라고 했으며, 이밥이 이팝으로 변했다고 한다. 꽃이 입하(入夏)에 피기 때문에 입하목(入夏木)이라 불리다가 '이팝'으로 되었다는 주장도 있다. 필자는 1천년은 간다는 희망찬 화두를 던지기도 하였다.

소정원. 박근혜 대통령 기념식수

2) 소나무 *Pinus densiflora* **Siebold & Zucc.**

2014년 4월 5일 수궁터에 소나무를 기념식수를 하였다.

심을 당시 키 4.5m, 근원직경 14cm였으며, 현재 나이는 19살이다.

수궁터. 박근혜 대통령 기념식수

3) 무궁화 *Hibiscus syriacus* **L.**

2015년 4월 5일에 녹지원에 나라꽃 무궁화 3그루를 심었다.

심을 당시 키 2.0m, 근원직경 7cm, 현재 나이는 19살이다.

녹지원. 박근혜 대통령 기념식수

10. 문재인 대통령 기념식수

　문재인 대통령은 5그루를 심었다. 2018년 4월 5일 위민관 뜰에 소나무, 2019년 4월 7일 상춘재에 동백나무, 2020년 4월 22일 버들마당에 소나무, 2021년 4월 5일 55경비대대에 은행나무, 2022년 4월 5일 녹지원 동편에 모감주나무를 심었다.

1) 소나무 *Pinus densiflora* **Siebold & Zucc.**

2018년 4월 5일 위민관 뜰에 소나무를 심었다.

심을 당시 키 6.0m, 근원직경 34cm였으며, 현재 나이는 69살이다.

위민관. 대통령 문재인 김정숙 기념식수

2) 동백나무 *Camellia japonica* **L.**

동백나무는 차나무과에 속하는 상록활엽소교목이다.

2019년 4월 7일 상춘재 마당에 심었다.

심을 당시 키 2.7m, 근원직경 13cm였으며, 현재 나이는 23살이다.

동백나무는 제주도와 남해안 지역에 분포하는 아열대성 기후에 자라는 나무로서 11월~3월에 꽃이 피며 생육 북방한계선은 고창 선운사여서 서울의 노지에서 겨울나기가 걱정되는 나무이다.

겨울에 꽃이 피는 나무의 수정은 누가 도울까?

동박새이다. 동박새는 여름에는 높은 산에 살면서 집을 짓고 번식을 하면서 곤충과 벌레를 잡아먹고 산다. 겨울에는 먹거리가 없어 산 아래 동백숲으로 내려와서 동백꽃의 꿀을 빨며 에너지를 보충한다. 이 과정에서 꽃가루가 암술머리로 옮겨 수정을 한다.

상춘재. 대통령 문재인 김정숙 기념식수

3) 소나무 *Pinus densiflora* **Siebold & Zucc.**

2020년 4월 22일 버들마당에 소나무를 심었다.

심을 당시 키 6.2m, 근원직경 32cm였으며, 현재 나이는 19살이다.

버들마당. 제20회 지구의 날 대통령 문재인 김정숙 기념식수

까치밥인 감나무가 있던 자리에 기념식수를 하였다

4) 은행나무 *Ginkgo biloba* **L.**

은행나무는 은행나무과에 속하는 침엽낙엽교목이다.

2021년 4월 5일 55경비대대에 은행나무를 심었다.

심을 당시 키 7.5m, 근원직경 18cm였으며, 현재 나이는 22살이다.

은행나무는 공손수(公孫樹), 행자목(杏子木)이라고도 부르며 암수 다른 나무이며, 열매는 식용, 약용으로 이용된다. 가로수, 정자목으로 많이 심겨 왔다.

55경비 대대. 대통령 문재인 김정숙 기념식수

5) 모감주나무 *Koelreuteria paniculata* **Laxm.**

모감주나무는 무환자나무과에 속하는 낙엽활엽교목이다.

2022년 4월 5일 녹지원 동편에 심었다.

키 6.0m, 근원직경 18cm이며, 나이는 19살이다.

문재인 대통령의 경우 재임 기간 5년 동안 매년 식목일을 전후하여 기념식수를 하였다.

모감주나무는 열매로 염주를 만들어 염주나무라고도 한다. 6월 말에서 7월 중순에 피는 황금색 꽃이 아름답고, 꽃이 떨어지는 모습이 황금비가 내리는 것처럼 보여 황금비나무(Goldenrain tree)라고도 한다.

녹지원. 대통령 문재인 김정숙 기념식수

PART 05

희귀한 나무 이야기

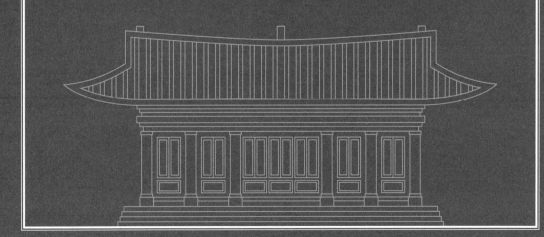

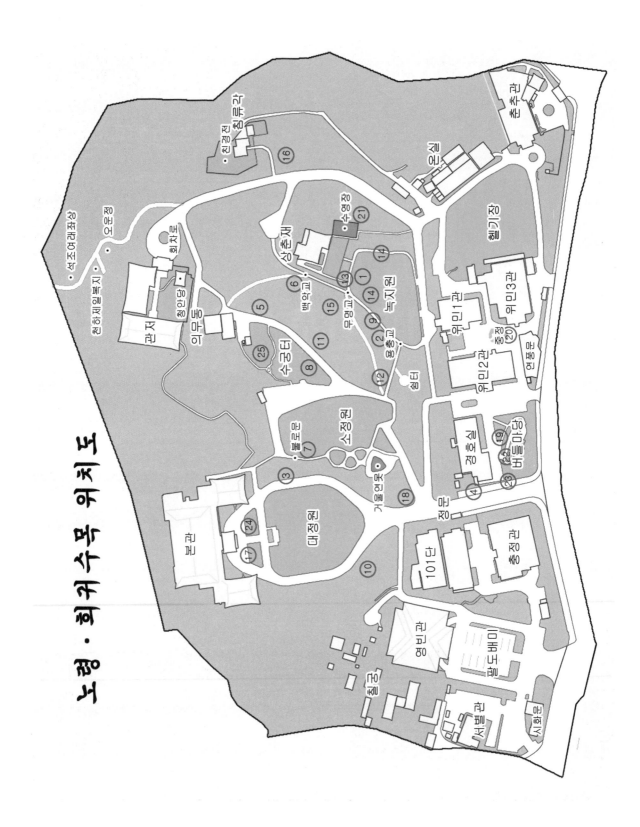

노령·회귀수목 위치도

춘추관

온실

헬기장

위민3관

위민1관

정문 ㉔

위민2관

연풍문

경호실

위민마당 ⑲

㉒

㉓

④

정

정

중정

101단

영빈관

분수대

폐문

본관

대정원

겨울연못

⑱

소정원

⑩

본관

㉔

㉗

대정원

풀문
⑦

수궁터

㉕

⑧

⑪

청안당
의무동

⑤

관저

화차로

석조여래좌상

천하제일복지

온운정

상춘재

천정전 침류각

⑯

⑥

③

무명교

용고교

②

⑨

⑭

독지원

①

⑬

수영장 ㉑

⑭

⑫

쉼터

청와대에는 744년을 살아온 주목, 255년이 된 회화나무를 비롯하여 오래되고, 희귀하며, 특색 있는 나무들이 많다. 이번 장에서는 청와대와 인연을 맺고 함께해 온 나무들의 이야기이다.

희귀수목 리스트

구분	수종	위치	현재 크기	본수	현재 나이	비고
계	13종			86		
1	반송	녹지원	H17×W18×R165	1	177	
2	단풍나무	용충교	H10×W8.0×R31	1	79	
3	반송	대정원	H3.5×W4.0×R43	32	68	
4	반송	정문	H9.5×W6.0×R95	22	95	
5	금송	수궁터	H9.5×W2.5×R20	1	84	
6	모감주나무	수궁터(1) 온실 앞(2)	H10×W9×R34	3	44	
7	단풍철쭉	녹지원(2) 소정원(1)	H4.0×W3.0×R15	3	75	
8	주목	수궁터	H8.0×W4.0×R90	1	744	
9	회화나무	무명교	H15×W13×R85 H15×W12×R95	1 1	255 255	
10	느티나무	대정원	H15×W15×R85	1	167	
11	소나무	수궁터	H10×W7×R60	1	193	
12	백합나무	용충교	H24×W19×B80	1	75	
13	말채나무	상춘재	H15×W13×R100	1	149	
14	적송(소나무)	녹지원	H12×W12×R60 H15×W13×R62	4 1	150 154	
15	복자기	용충교	H13×W11×R57	1	48	
16	오리나무	침류각	H25×W18×R80	1	134	
17	배롱나무	본관 앞	H5.0×W6.5×R35	1	93	
18	공작단풍나무	대정원 입구	H5.0×W5.5×R30	1	86	
19	왕벚나무	버들마당	H12×W11×R110	1	89	
20	꽃산딸나무	위민관 중정	H5.5×W4.5×R26	1	44	
21	서울귀룽나무	수영장	H15×W10×R63	1	103	
22	용버들	버들마당	H19×W12×R140	1	97	
23	물푸레나무	버들마당	H1.5×W9×R64	1	87	
24	모과나무	본관 앞	H10×W7.0×R55	1	96	
25	다래	수궁터	H2.5×R13	1	35	

1. 청와대의 백미, 녹지원 반송

반송 *Pinus densiflora for. multicaulis* Uyeki.

반송은 소나무과에 속하는 상록침엽교목이다.

키 17m, 수관폭 18m, 근원직경 165cm이며, 나이는 177살이다.

녹지원 중앙에 자리한 반송은 청와대를 대표하는 나무로, 다소곳이 여성스러운 자태를 뽐내는 것도 같고, 하늘을 향해 용트림하듯 뻗어 올린 3개의 큰 줄기는 위풍당당 남성미를 뿜어내는 것도 같다. 보는 이의 감성에 따라 어머니의 품같이 안아 주는 것 같기도 하고, 위풍당당 아버지의 위엄이 느껴지기도 한다.

필자가 재임 때에 태풍으로 인하여 가지가 부러지는 것을 방지하기 위해 사방에 지주목을 설치하였다. 수관이 무거워져 매년 전정, 비배관리, 병충해 방제 등을 청와대 조경 전문직 공무원들이 관리하며 그 품격을 유지하도록 최선을 다하고 있다.

2. 대통령이 살린 단풍나무

단풍나무 *Acer palmatum* Thunb.

단풍나무는 단풍나무과의 낙엽활엽교목이다.

키 10m, 근원직경 31cm이며, 나이는 79살이다.

용충교 중도에는 잎이 5~7개로 갈라지는 단풍나무 한 그루가 있다. 2010년도 봄, 실개천 정비계획으로 용충교 연못에 있던 중도를 철거하기로 하였다. 조경석을 2/3 정도 걷어 내고 단풍나무 이식을 준비하던 중에 때마침 녹지원을 거쳐 본관으로 걸어서 출근하시던 대통령께서 이 모습을 보시고 "단풍나무가 아름답고 중도가 보기 나쁘지 않은데 보존하지 왜 옮겨요."라고 하시며 이식을 하지 말라고 하셨다.

대통령의 한 말씀 때문에 운명이 뒤바뀐 단풍나무는 지금도 그 자리에서 관람객을 맞이하고 있다.

3. 대정원을 둘러싼 반송

반송 *Pinus densiflora for. multicaulis* Uyeki.

키 3.5m, 수관폭 4m, 근원직경 43cm이며, 나이는 68살이다.

대정원은 국빈들이 방문할 때 의전행사를 하는 곳이다. 대정원 잔디밭을 순환하는 동선 외곽으로 32그루의 반송이 심겨 있다.

소나무 특성상 봄철 송화가 날려 청와대 경내를 노란 꽃가루로 물들이는 현상도 발생하고 있다.

청와대야 소풍 가자

4. 정문을 지키는 반송

반송 *Pinus densiflora for. multicaulis* Uyeki.

키 9.5m, 수관폭 6.0m, 근원직경 95cm이며, 나이는 95살이다.

청와대 정문에는 양쪽으로 각 11주씩, 22그루 반송이 있다.

이 나무는 이승만 대통령께서 심었다고 한다.

필자가 재임할 때 정문 반송을 진단해 보니 나무를 심은 이후 전지만 하여 나무 전체가 동남쪽으로 15° 정도 기울어져 있었다. 2008년도에 뿌리돌림과 함께 바로 세우기 작업을 대대적으로 실시하였다.

5. 수궁터의 금송

금송 *Sciadopitys verticillata* (Thunb.) Siebold & Zucc.

금송은 낙우송과에 속하는 상록침엽교목이다.

키 9.5m, 수관폭 2.5m, 근원직경 20cm이며, 나이는 84살이다.

이 나무는 1980년대 경내 정비 과정에서 심은 것으로 추정되며 의무동 가는 길 아래 숲속에 심겨 있어 수형이 좋지 못하다.

1939년 조선총독부 자리가 있던 구본관 앞에 금송 3그루를 심었는데 1970년대 초 문화재 정비공사를 하면서 아산 현충사, 금산칠백의총, 안동 도산서원에 한 그루씩 옮겨서 대통령 기념식수를 하였다.

금송은 세계 다른 나라에는 없고 일본 남부에서만 자라는 나무이다.

일본을 상징하는 나무로 인식되어 현충사와 도산서원의 금송은 2018년 담장 밖으로 옮겨 심었고, 칠백의총도 옮겨 심는다고 한다.

공주 무령왕릉에서 출토된 목관이 금송으로 밝혀졌다. 이는 백제가 일본과 교류하였음을 보여 주는 것이다.

6. 황금빛 꽃을 피우는 모감주나무

모감주나무 *Koelreuteria paniculata* Laxm.

모감주나무는 무환자나무과에 속하는 낙엽활엽교목이다.

키 10m, 수관폭 9m, 근원직경 34cm이며, 수령은 44살이다.

온실 앞에 1그루, 수궁터 2그루가 심겨 있다.

'대통령의 나무'에서 설명하였듯이 염주나무, 영어로 Goldenrain tree, 황금비나무라고도
한다.

7. 지리산에서 자라는 단풍철쭉

단풍철쭉 *Enkianthus perulatus* (Miq.) C.K.Schneid.

단풍철쭉은 진달래과의 낙엽활엽관목으로 지리산에 분포한다.

키 4m, 수관폭 3m, 근원직경 15cm이며, 나이는 75살이다.

녹지원에 2그루, 소정원에 1그루가 심겨 있다.

청와대야 소풍 가자

8. 744살의 최고령 나무 주목(朱木)

주목 *Taxus cuspidata* Siebold & Zucc.

주목은 주목과에 속하는 상록침엽교목이다.

키 8m, 수관폭 4m, 근원직경 90cm이며, 고려 충렬왕 때인 1280년경 태어났으니 수령은 744살로 당연 청와대의 터줏대감 나무이다.

수궁터에 심겨 있으며, 안타깝게도 원줄기 대부분은 죽어 버리고 곁가지가 원줄기 주변을 에워싸고 있으며 일부 줄기로 생명을 유지하고 있다. 태풍 등 강풍에 쓰러지거나 꺾이는 것을 예방하기 위해 지주를 설치하여 보호하고 있다. 주목은 살아 천년, 죽어 천년 간다는 장수목이다.

9. 학자수라 불리는 회화나무

회화나무 *Styphnolobium japonicum* (L.) Schott.

회화나무는 콩과 식물에 속하는 낙엽활엽교목이다.

키 15m, 수관폭 13m, 근원직경 95cm이며, 수령은 255살이다.

용충교에서 무명교 사이의 녹지원 가장자리에서 녹지원을 마주 보며 자라고 있다. 예부터 삼공의 나무, 학자수(Scholar tree)라 하였으며, 삼공의 자리에는 회화나무를 심어 특석임을 나타내는 표지로 삼기도 하였다. 회화나무는 외조(外朝)의 장소만이 아니라 궁궐 안에 흔히 심었고, 고위 관직의 품위를 나타내기도 한다.

한여름에 피는 꽃은 10~25%에 이르는 루틴(rutin)이란 황색 색소가 있어 종이를 노랗게 물들이는 천연염색제로 쓰인다.

청와대야 소풍 가자

10. 우물 통 안에 사는 느티나무

느티나무 *Zelkova serrata* (Thunb.) Makino

느릅나무과에 속하는 낙엽활엽교목이며, 수형은 원개형이다.

키 15m, 수관폭 15m, 근원직경 85cm이며, 나이는 167살이다.

느티나무는 본관과 영빈관 사이의 녹지대 사면에 자라고 있다.

본관을 신축할 당시 원지반에 있던 나무를 살리기 위해 석축을 쌓아 깊이 7m의 우물 통을 만들고 성토를 하여 나무가 살아가는 데 생리적 피해가 없도록 조치한 결과 현재까지 살아 있다. 마을의 정자나무로서 더위를 피하고, 서당 훈장이 학문을 가르치기도 하였으며, 마을을 수호하는 당산목으로 흔하게 볼 수 있다.

11. 정이품 소나무를 닮은 소나무

소나무 *Pinus densiflora* Siebold & Zucc.

키는 10m, 수관폭 7m, 흉고직경 60cm이며, 나이는 193살이다.

수궁터 남쪽 옹벽 아래 녹지에서 수궁터 방향으로 누워 있는 소나무가 있는데 수궁로를 막지 않고 길을 터주고 있다. 이 나무는 2010년도 이전까지는 장송의 늠름한 모습으로 반듯하게 서 있었는데 그해 태풍 곤파스가 수도권을 강타하면서 하루 밤새 수궁터 쪽으로 넘어졌다. 다행히 도로 석축 난간에 기대어 쓰러진 것을 피해목으로 잘라 버리지 않고, 필자를 비롯한 직원들의 노력으로 일으켜 세우고 지주목을 설치하여 지금까지 잘 살아 있는 모습이다.

12. 큰 숲을 자랑하는 백합나무

백합나무 *Liriodendron tulipifera* L.

백합나무는 목련과에 속하는 낙엽활엽교목이다.

키 24m, 수관폭 19m, 흉고직경 80cm이며, 나이는 75살이다.

백합나무는 용충교에서 무명교 사이의 녹지대에 군락으로 심겨 있었으나 현재 여섯 그루 정도 남아 있다. 수명을 다하고 태풍 등의 피해로 그루 수가 점점 줄어든 까닭이다. 백합나무는 아름다운 나무 모양과 꽃을 피우는 고귀한 멋을 가진 나무로서 꽃의 모양이 튤립처럼 생겨서 튤립나무라고도 한다. 우리나라에는 1895년 가로수로 처음 심기 시작했다.

13. 말채찍을 만드는 말채나무

말채나무 *Cornus walteri Wangerin*

말채나무는 층층나무과에 속하는 낙엽활엽교목이다.

키 15m, 수관폭 13m, 근원직경 100cm이며, 수령은 149살이다.

청와대에 말채나무가 있는 곳은 숲이 가장 우거진 상춘재 서편 녹지대이다. 말채나무란 이름은 이 나무가 말채찍에 아주 적합하여 붙여진 이름이다. 봄에 한창 물이 오를 때 가느다랗고 탄력 있는 가지는 말채찍을 만드는 데 아주 적합하다. 말채찍으로 사용할 정도면 탄력도 있어야 하겠지만 아주 단단해야 한다.

농촌의 동네 어귀 마을 숲에서 종종 볼 수 있다. 꽃과 열매가 아름다워 공원이나 정원에 조경수로 심는다.

126

14. 녹지원의 적송

소나무 *Pinus densiflora* Siebold & Zucc.

녹지원 반송에서 좌측으로 적송 4그루가 다정하게 서 있다.

키는 13m, 수관폭 12m, 근원직경 60cm이며, 나이는 150살이다.

오른쪽 뒤편으로는 적송 한 그루가 용트림하듯이 서 있다.

키 15m, 수관폭 13m, 근원직경 62cm이며, 나이는 154살이다.

이 적송은 녹지원 반송의 명성에 눌려서 사람들에게는 인기가 적지만 자기 자리에서 주변과 조화와 경관적 기능을 충분히 발휘하고 있다. 궁에 있어서 그런지 줄기가 황금색을 띠는 것이 특징이다.

15. 아름다운 단풍을 가진 복자기

복자기| *Acer triflorum* Kom.

복자기는 단풍나무과에 속하는 낙엽활엽교목이다.

키 13m, 수관폭 11m, 근원직경 57cm이며, 수령은 48살이다.

녹지원에서 수궁터로 올려 보이는 녹지대에 있으며, 가을 단풍이 아름다움의 극치를 이루며 녹지원 경관의 품격을 한층 더 높여 주는 나무이다.

16. 안동 하회탈을 만드는 오리나무

오리나무 *Alnus japonica* (Thunb.) Steud.

오리나무는 자작나무과에 속하는 낙엽활엽교목이다.

키 25m, 수관폭 18m, 근원직경 80cm이며, 나이는 134살이다.

한국이 원산지인 토종나무로서 침류각 입구 산기슭에서 자라고 있다. 1960~1970년대 민둥산 시절에 사방조림 수종으로 많이 심었던 나무이다. 사방지나 산기슭, 습지 근처에서 잘 자라는 나무이다.

국보 121호인 안동 하회탈과 전통 혼례에서 쓰던 나무기러기를 만든 재료가 오리나무이며, 목기의 용도로 많이 사용된다.

17. 여름의 불꽃 배롱나무

배롱나무 *Lagerstroemia indica* L.

배롱나무는 부처꽃과에 속하는 낙엽활엽교목이다.

키 5m, 수관폭 6.5m, 근원직경 35cm이며, 나이는 93살이다.

본관 앞에 햇빛이 잘 드는 곳에 자리하고 있어 여름 내내 꽃을 피운다. 여름꽃의 대명사인 배롱나무 꽃이 아름다운 자태를 드러내기 시작하면 뙤약볕을 요리하듯 아름다운 불꽃을 만들어 낸다. 고고한 자태 때문에 미인에 비교하기도 한다. 조용한 산사의 앞뜰이나, 이름난 정자의 뒤뜰 등 품위 있는 길지에 심어야만 비로소 자라기 시작한다. 우리나라에서 아름다운 배롱나무 단지로 담양의 명옥헌 원림, 안동 병산서원, 강진 백련사, 고창 선운사가 배롱나무 숲으로 유명하다. 배롱나무는 여름철 붉은 꽃이 오랫동안 피어 목백일홍이라고도 한다.

청와대야 소풍 가자

18. 공작새를 닮은 공작단풍나무

공작단풍나무 *Acer palmatum var. dissectum*

단풍나무과에 속하는 낙엽활엽소교목이다.

키 5m, 수관폭 5.5m, 근원직경 30cm이며, 나이는 86살이다.

공작단풍나무는 정문을 들어서며 오른쪽 소정원으로 가는 녹지대에 심겨 있다. 단풍나무의 변종으로 세열단풍나무, 수양단풍나무라고도 부른다.

특징은 잎이 공작새가 날개를 펴듯 미려하고 섬세하여 공작단풍나무라고도 하며, 가지는 수양버들과 같이 자연적으로 늘어지는 수형이 매우 아름다워 수양단풍나무라고도 한다. 수형이 우산처럼 펼쳐져 있어 비가 오면 그 속에서는 비를 피할 수도 있다. 그래서인지 꽃말도 편안한 은둔이다. 잎은 7~8월까지 녹색, 홍색을 유지하다가 가을에 붉고 아름답게 단풍이 든다.

19. 봄꽃의 거장 왕벚나무

왕벚나무 *Prunus × yedoensis* Matsum.

장미과에 속하는 낙엽활엽교목이다.

키 12m, 수관폭 10m, 근원직경 110cm이며, 나이는 89살이다.

청와대 왕벚나무 중에 꽃이 가장 아름다운 나무이다.

12문 입구와 버들마당에 있는 왕벚나무 품격은 일품이다. 청와대 경내에는 많은 나무가 있지만, 봄꽃으로 화려하고 고고한 자태는 으뜸이다. 연풍문 앞 도로변에서도 바라볼 수 있어 벚꽃이 필 때는 사람들의 눈길을 사로잡는다.

왕벚나무 원산지가 한국이냐 일본이냐 논쟁이 많다. 2018년 국립수목원이 게놈 유전체 분석을 통해 서로 다른 별개의 종으로 확인하였다. 제주 왕벚나무는 제주에 자생하는 올벚나무를 모계로 하고, 산벚나무를 부계로 해서 탄생한 자연 잡종이다.

20. 위장술의 대가 붉은 꽃 산딸나무

산딸나무 *Comus kousa* Bürger ex Hance.

층층나무과에 속하는 낙엽활엽중교목이다.

키 5.5m, 수관폭 4.5m, 근원직경 26cm이며, 나이는 44살이다.

붉은 꽃 산딸나무는 위민관 중정에서 봄을 유혹하는 나무이다.

연분홍색 꽃이 필 때면 지나는 사람들의 마음을 끌고도 남을 만큼 우아한 자태를 뽐내는 나무이다. 그런데 우리가 꽃이라고 하는 것은 꽃이 아니라 잎이 변형된 것이다. 즉 변태요, 위장술인 것이다. 작은 꽃 때문에 하나의 큰 꽃이 핀 것처럼 포엽이 꽃잎으로 위장하여 벌이나 나비를 유인하여 수정을 돕는다고 한다.

산딸나무는 잎이 나온 다음에 꽃이 피지만, 붉은 꽃 산딸나무는 잎보다 꽃이 먼저 핀다. 미국산딸나무, 서양산딸나무라고도 부른다.

21. 북한산을 지켜 온 서울귀룽나무

서울귀룽나무 *Prunus padus var. seoulensis* (H.Le"v.) Nakai

장미과에 속하는 낙엽활엽교목으로 높이 15m까지 자란다.

키 15m, 수관폭 9m, 근원직경 63cm이며, 나이는 103살이다.

서울귀룽나무는 수영장과 온실 뒤쪽 산기슭에 있다. 이른 봄철, 산록이 푸르러지기 전에 홀로 흰 꽃으로 피어 있는 나무가 서울귀룽나무이다. 귀룽나무의 변종으로서 흰 꽃과 검은 열매는 귀룽나무와 비슷하나 작은 꽃자루의 길이가 5~20mm인 점이 다르다. 서울에서 처음 발견되어 서울귀룽나무라는 이름이 붙여졌다.

나무껍질은 검은 갈색이며 어린 가지를 꺾으면 냄새가 난다. 잔가지를 말린 것을 구룡목이라 하며 약재로 사용한다. 어린순은 살짝 데쳐 나물로 먹거나 밀가루를 입혀 튀김을 해서 먹는다.

청와대야 소풍 가자

22. 용버들 이야기

용버들 *Salix matsudana Koidz. f. tortuosa* (Vilm.) Rehder

버드나무과에 속하는 낙엽활엽교목이다.

키 18m, 수관폭 10m, 근원직경 140cm이며, 나이는 97살이다.

버들마당에서 균형 잡힌 자태로 서 있다. 경호실 입구 쪽에 있어 청와대 역사를 알고 있는 나무이다. 언제 누가 심었는지는 정확하지 않다. 버들마당이 경호실 앞 정원이었던 것으로 보아 경호실 건축과 더불어 정원을 조성할 때 심은 것으로 추정되며 시기적으로 1960년~1970년대 사이가 아닐까 싶다. 필자가 버들마당을 리모델링할 때 일부 지반에서 작은 타일 조각이 있었던 것으로 보아 일제강점기 때 지은 건축물을 철거하고 그 자리를 성토한 후 심은 것으로 추정된다.

23. 안약으로 쓰인 물푸레나무

물푸레나무 *Fraxinus rhynchophylla* **Hance.**

물푸나무과에 속하는 낙엽활엽교목이며 10m 이상 자란다.

키 17.5m, 수관폭 11m, 근원직경 65cm이다. 나이는 87살이다.

경호실 건물 앞쪽, 버들마당 가장자리에서 경호실 역사를 살피며 지내 온 나무이다. 약간은 습해 보이는 곳에서 자라고 큰 줄기에 이끼가 보일 때가 많다.『동의보감』에 "우려내어 눈을 씻으면 정기를 보하고 눈을 맑게 한다. 두 눈에 핏발이 서고 부으면서 아픈 것과 바람을 맞으면 눈물이 계속 흐르는 것을 낫게 한다."라고 기록되어 있다.

큰 줄기에 낀 이끼 모습

24. 과일 망신, 모과나무

모과나무 *Pseudocydonia sinensis* (Thouin) C.K.Schneid.

장미과에 속하는 낙엽활엽교목이며 10m 이상 자란다.

키 10m, 수관폭 7m, 근원직경 55cm, 나이는 96살이다.

본관 세종실 앞쪽 녹지에 정형적인 자태로 변치 않는 모습을 유지하는 것은 매년 전정하여 관리해 주기 때문이다. 모과나무는 수형 관리가 쉬워서인지 분재로도 많이 이용되고 있는 나무이다.

모과는 시큼하고 떨떠름한 맛과 생김새도 못나서 과일 망신은 모과가 시킨다는 말이 나올 정도로 보잘것없는 과일로 여겨졌으나 지금은 향기가 좋아 썰어서 말렸다가 차나 모과주로 이용한다.

25. 청산에 살어리랏다, 다래

다래 *Actinidia arguta* (Siebold & Zucc.) Planch. ex Miq.

다래나무과에 속하는 낙엽활엽덩굴성식물이다.

키 2.5m, 근원직경 13cm, 나이는 35살이다.

수궁터에서 의무동 방향에 있는 다래는 지주목에 의지하면서 덩굴을 뻗고 있다. 보통 다래보다는 크고 먹음직스러운데, 야생 다래가 아니라 국립산림과학원에서 임가 보급용으로 개량한 품종이다. 청산별곡 한 구절에 "살어리 살어리랏다. 청산에 살어리랏다. 머루랑 다래랑 먹고, 청산에 살어리랏다."라는 구절로 보아 우리 강산에 머루와 다래가 흔한 과일이었던 것 같다.

청와대야 소풍 가자

PART 06

삼형제의 다리

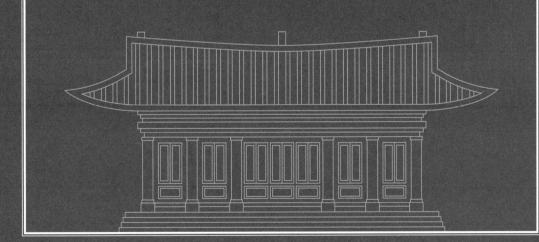

1. 선녀탕이 있는 백악교(白岳橋)

백악교는 청와대 계류에서 제일 상류에 있는 교량이다.

교량 이름은 북악산의 옛 지명인 백악산에서 유래하여 붙여진 이름이다. 상류 연못은 맑은 물이 굽이치면서 소리를 내고 폭포처럼 흐르는 모습이 아름답다. 설악산·주왕산 선녀탕과 비교해도 손색이 없다. 달빛에 별빛에 선녀들이 노닐다 간다는 곳이다.

백악교는 관저에서 상춘재로 오갈 때 나들목 역할을 하며 상춘재 뒷길을 이용하여 침류각 방향의 숲길로 갈 수 있다.

백악교는 단순교 형식의 석교이다. 엄지기둥, 난간, 도면 등이 전통교 형식을 따랐다. 1982년 9월 1일 준공되었으며, 재원은 길이 4.65m, 폭 2.25m이다.

출처: 문화재청 제공, 사진작가 서헌강

2. 이름 없는 용사, 무명교(無名橋)

무명교는 말 그대로 이름이 없다. 가을이면 주변 녹지의 단풍이 너무 아름답다. 숲 사이로 상춘재도 보인다. 이름 없는 다리이지만 경내 중간에 있는 교량으로 직원들이 자주 애용한다.

3개 교량 중에 가장 밋밋해 보이지만 서민적 정취를 담고 있다.

무명교는 본관에서 소정원을 지나면서 왼쪽으로 들어오면 숲속을 거쳐 녹지원으로 들어오는 길목에 있다. 사진 뒤쪽으로 보이는 숲과 나무는 가을이면 단풍으로 매우 아름답다.

무명교는 단순교 형식의 콘크리트교이다. 엄지기둥, 난간, 도면 등을 석재로 마감하였다. 정확한 기록은 없으나 1981년~1982년도 사이에 건설된 것으로 추정된다. 재원은 길이 5.5m, 폭 2.83m이다.

3. 금천교를 본떠 만든 용충교(龍忠橋)

　　창덕궁 내부를 흐르는 금천(禁川)을 건너는 돌다리가 금천교인데 1411년 태종 11년에 만들었다. 궁궐 돌다리 가운데 가장 오래된 것으로 홍예교 형식이다. 용충교는 금천교의 교량 형식, 엄지기둥, 난간 모양, 문향 등을 본떠서 홍예교 모양으로 건설하여 안정된 미관을 가지고 있어 청와대 교량 중에는 가장 화려하다.

　　청와대에서 가장 많이 이용되는 교량으로 본관, 소정원, 녹지원과 위민관을 연결하는 역할을 한다. 교량 아래에는 용이 승천할 수 있는 연못과 비단잉어, 버들치 등 물고기가 살고 있다.

　　용충교는 홍예교 형식이나 콘크리트교이다. 엄지기둥, 난간, 도면 등을 석재로 마감하였다. 1981년 4월 11일 준공되었으며 교량의 재원은 길이 5.5m, 폭 2.45m이다.

PART 07

마음을 담아간
야생화

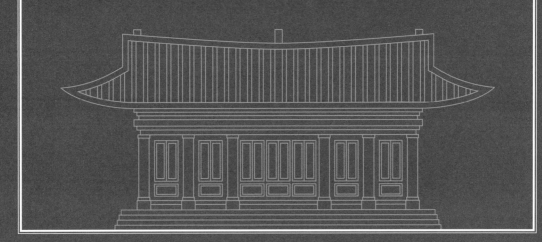

봄에 피는 꽃

1. 금낭화 *Dicentra spectabilis* (L.) Lem.

현호색과의 여러해살이풀이다. 4~5월 담홍색
으로 피는데, 총상꽃차례로 줄기 끝에 주렁주렁
달린다. 꽃잎은 4개가 모여서 편평한 심장형으로
되고 바깥 꽃잎 2개는 밑부분이 꿀주머니로 된
다. 잎은 어긋나고 잎자루가 길며 3개씩 2회 깃
꼴로 갈라진다. 갈라진 조각은 달걀을 거꾸로 세
운 모양의 쐐기꼴로 끝이 뾰족하고 가장자리는

결각(缺刻)이 있다. 어린잎은 나물로 먹을 수 있다. 우리나라에서는 전 지역 배수가 잘되는 계
곡이나 산지의 돌무더기에서 잘 자라며 관상용으로 심고, 중국에도 분포한다. 청와대에서는
백악교, 침류각, 관저 내정, 관저 숲길 등지에 자라고 꽃말은 "당신을 따르겠습니다."이다.

2. 깽깽이풀 *Jeffersonia dubia* (Maxim.) Benth. & Hook.f. ex Baker & Moore

매자나무과의 여러해살이풀이다. 4~5월에 밑동에서 잎
보다 먼저 꽃대가 나오고 그 끝에 연보라에서 보랏빛 꽃이
1송이씩 핀다. 꽃잎은 6~8개이고 달걀을 거꾸로 세운 모
양이며, 열매는 8월에 익는다.

잎은 둥근 홑잎이고 연꽃잎을 축소하여 놓은 모양으로
여러 개가 밑동에서 모여 나며 잎자루의 길이는 20cm 정
도이다. 잎의 끝은 오목하게 들어가고 가장자리가 물결 모

양이다. 비옥한 토양 배수가 잘되는 골짜기에서 잘 자란다. 분포지는 한국, 중국이며, 청와대
에서는 관저 내정, 관저 회차로, 인수로변에 자라고, 한방에서는 모황련이라 하며 소화불량, 구
내염 치료제로 이용한다.

3. 꽃잔디 *Phlox subulata* L.

꽃고비과의 여러해살이풀이다. 4~6월에 백색, 자주색, 분홍색, 붉은색 등 다양한 색깔의 꽃이 핀다. 키는 10cm 정도이고 많은 가지로 갈라져 잔디같이 땅을 완전히 덮으며, 가지 끝에 1개의 꽃이 달린다. 꽃받침은 5개로 갈라지며 끝이 뾰족하고 잔털이 있다. 잎은 잎자루가 없고 마주나기 하며, 대개 피침형이며, 끝이 뾰족하다. 청와대에서는 소정원, 관저 내정, 기마로, 유실수단지 등지에 자라고 있다.

4. 꿀풀 *Prunella vulgaris* L. subsp. *asiatica* (Nakai) H. Hara

꿀풀과의 여러해살이풀이다. 5~6월에 줄기 끝에 길이 3~8cm의 원기둥 모양의 자줏빛 꽃이 수상꽃차례로 핀다. 꽃받침은 뾰족하게 5갈래로 갈라지고 길이가 7~8mm이며 겉에 잔털이 있다. 잎은 마주나고 잎자루가 있으며 긴 달걀 모양의 바소꼴로 길이가 2~5cm이고 가장자리는 밋밋하거나 톱니가 있다. 줄기는 네모지고 뭉쳐나며 곧게 선다. 우리나라 전 지역 산기슭의 볕이 잘 드는 풀밭에서 잘 자라고, 일본, 중국, 대만, 사할린, 시베리아 남동부 등 한대에서 온대에 걸쳐 분포한다. 청와대에서는 위민관 주변, 춘추관, 소정원, 인수로변에서 자라고 있다.

5. 꿩의바람꽃 *Anemone raddeana* Regel

미나리아재비과의 여러해살이풀이다. 4~5월 흰색에
연한 자줏빛이 비치는 꽃이 꽃줄기 위에 한 송이가 달린
다. 꽃에는 꽃잎이 없고 꽃받침이 8~13조각으로 꽃처럼
보인다. 잎은 3개의 잎자루에 세 장의 잎이 달린다.(2회
3출겹잎) 우리나라 숲속에서 자라며, 중국, 러시아 등지
에 분포하고, 청와대에서는 소정원, 관저 내정, 인수로변
에 자라고 있다. 꽃말은 "사랑의 번민, 덧없는 사랑"이다.

6. 노랑매미꽃(피나물) *Hylomecon vernalis* Maxim.

양귀비과이며 꽃은 노란색으로 4~5월에 피며,
열매는 7월에 익는다. 독성이 있어 약용으로 이
용하고, 봄에 나물로 먹기도 한다. 잎은 깃꼴겹잎
이고 작은잎은 넓은 달걀 모양이며, 가장자리에
불규칙적이고 깊게 패인 거치가 있다. 뿌리에서
나온 잎은 잎자루가 길고 줄기에서는 어긋나며 5
개의 작은 잎으로 되어 있다. 우리나라는 경기 이

북지역에 자라고, 중국 만주, 헤이룽강, 우수리강 등에 분포한다. 청와대에서는 관저 내정, 인
수로변, 녹지원 주변 숲길에 자라고 있다.

7. 노랑어리연 *Nymphoides peltata* (S. G. Gmel.) Kuntze

조름나물과의 여러해살이풀이다. 5~8월에 노란 꽃이 피는데, 마주난 잎겨드랑이에서 2~3개의 꽃대가 나와 물 위에 2~3송이씩 달린다. 잎은 마주나며 긴 잎자루가 있고 물 위에 뜨며, 앞면은 녹색이고 뒷면은 자줏빛을 띤 갈색이며 약간 두껍다. 가장자리에 물결 모양의 거치가 있다. 물풀로 늪이나 못에서 자란다. 우리나라와 일본, 중국, 몽골, 시베리아, 유럽 등지에 분포하고, 청와대에서는 소정원, 본관 중정에 자라고 있다.

8. 노루귀 *Hepatica asiatica* Nakai

미나리아재비과의 여러해살이풀이다. 3~4월 흰색 또는 연한 붉은색 꽃이 피는데 잎보다 먼저 긴 꽃대 위에 1개씩 달린다. 꽃잎은 없고 꽃잎 모양의 꽃받침이 6~8개 있다. 잎은 뿌리에서 뭉쳐나고 긴 잎자루가 있으며 3개로 갈라진다. 갈라진 잎은 달걀 모양이고 끝이 뭉뚝하며 뒷면에 솜털이 많이 있다. 어린잎은 나물로 먹으며 관상용으로 심는다. 우리나라 전국 각처 산지나 들판의 경사진 양지에서 자라는데 큰 나무들이 잎이 무성해지기 전에 꽃을 피우고, 일본, 중국 등지에 분포하고, 청와대에서는 침류각, 백악교, 상춘재 뒷길, 성곽로변에 자라고 있다. 꽃말은 "인내"이다.

9. 대사초 *Carex siderosticta* Hance

사초과의 여러해살이풀이다. 4~5월에 작은 이
삭은 5~8개이며 작은 이삭의 윗부분에는 수꽃
이 갈색으로, 밑부분에는 암꽃 1~2개가 녹색으
로 달린다. 잎은 뭉쳐나며(총생) 길이 10~32cm,
나비 15~30mm로 긴 타원형 또는 긴 바소꼴이며
끝이 점점 뾰족해지고 뒷면에는 가는 털이 나 있
다. 우리나라와 중국, 일본, 러시아 등지에 분포
하고, 청와대에서는 녹지원 주변 숲길, 인수로변, 상춘재 뒷길에 자라고 있다. 꽃말은 "그대 있
어 외롭지 않네."이다.

10. 돌나물 *Sedum sarmentosum* Bunge

돌나물과의 여러해살이풀이다. 꽃은 6~7월 줄기 끝에 취
산꽃차례로 노랗게 핀다. 5개의 꽃잎은 바소꼴로 끝이 뾰
족하다. 줄기는 옆으로 뻗으며 각 마디에서 뿌리가 나온다.
잎은 보통 3개씩 돌려나고 잎자루가 없으며 긴 타원형 또는
바소꼴이다. 잎 양끝이 뾰족하고 가장자리는 밋밋하고, 어
린줄기와 잎은 식용으로 무침이나 김치를 담근다. 분주 번
식하고, 우리나라 전 지역에서 잘 자라며 일본, 중국에도 분포하고, 청와대에서는 관저 내정,
침류각, 백악교, 상춘재 뒷길, 의무동 주변, 성곽로변, 녹지원 주변 등 많은 곳에서 자라고 있
다. 꽃말은 "근면"이다.

11. 돌단풍 *Mukdenia rossii* (Oliv.) Koidz.

범의귀과의 여러해살이풀이다. 꽃은 4~5월에 취산꽃차례로 흰색 또는 엷은 홍색으로 핀다. 꽃잎은 5~6개이며 달걀 모양 바소꼴로 끝이 날카롭고 꽃받침조각보다 짧으며, 꽃이 필 때 꽃받침과 함께 뒤로 젖혀진다. 뿌리는 굵고 옆으로 뻗으며 꽃줄기는 곧게 선다. 잎은 뭉쳐나고 잎자루가 길며 손바닥 모양이고 5~7개로 깊게 갈라진다. 잎은 윤이 나고 거치가 있다. 물가의 바위틈에서 잘 자라며, 종자 또는 분주로 번식한다. 우리나라 전 지역에서 자라고 중국에도 분포하고, 청와대에서는 녹지원과 주변 숲길, 소정원, 위민관 중정, 버들마당, 침류각, 백악교, 상춘재 뒷길 등지에 자라고 있다. 꽃말은 "생명력, 희망"이다.

12. 동의나물 *Caltha palustris* L.

미나리아재비과의 여러해살이풀이다. 꽃은 4~5월에 노란색으로 꽃줄기 끝에 1~2개씩 달리고 꽃잎이 없으며 꽃받침 조각이다. 꽃색이 노란색이라서 입금화(立金化)라고도 한다. 잎은 뭉쳐나고(총생), 심장 모양의 원형 또는 타원형이며 가장자리에 둔한 거치가 있거나 밋밋하다. 우리나라 전 지역 습지에서 자라며, 청와대에서는 녹지원과 주변 숲길, 침류각 주변에 자라고 있다. 꽃말은 "다가올 행복"이다.

13. 둥굴레 *Polygonatum odoratum* (Mill.) Druce var. pluriflorum (Miq.) Ohwi

백합과이며 꽃은 5~6월에 피고 열매는 가을에 익는 다년생 풀로 종자 또는 분주로 번식한다. 잎은 어긋나며(호생), 잎의 모양은 긴 타원형이다. 봄철의 잎과 줄기는 나물로 먹는다. 꽃색은 녹색을 띤 흰색이다. 우리나라 전 지역 부식질이 많은 산과 들 햇빛이 잘 드는 곳에서 잘 자라며, 일본, 중국에도 분포하고, 청와대에서는 녹지원과 주변 숲길, 침류각 주변, 관저 내정, 인수로변, 수궁로변 등 여러 곳에서 자라고 있다.

둥굴레   무늬둥굴레

14. 마가렛 *Argyranthemum frutescens* (L.) Sch. Bip.

국화과이며, 꽃은 5~6월에 피고, 아프리카 대류 카나리아섬이 원산지이다. 잎은 잘게 갈라지며 쑥갓과 비슷하나 목질이 많아 먹을 수 없다. 꽃은 흰색 두상화이다. 우리나라는 조경용으로 많이 심고, 청와대에서는 위민관 중정, 버들마당, 인수로변, 소정원 등지에 자라고 있다. 꽃말은 "사랑을 점친다, 예언, 비밀"이다.

15. 마삭줄 *Trachelospermum asiaticum* (Siebold & Zucc.) Nakai

협죽도과의 덩굴식물이다. 꽃은 5~6월 노란색 꽃이 취산꽃차
례로 핀다. 줄기에서 뿌리가 내려 다른 물체에 붙어 올라가고 적
갈색이 돈다. 잎은 마주나고 달걀 모양이며 표면은 짙은 녹색이
고 윤기가 있으며, 가장자리는 밋밋하다. 푸른 잎과 함께 가을에
는 진홍색 선명한 단풍을 볼 수 있어 관상용으로 키우기도 한다.
한방에서 잎·줄기는 해열, 강장, 진통제로 처방한다. 우리나라 남부지방과 일본 등지에 분포
한다. 청와대에서는 관저 뒤, 본관 뒤, 녹지원 주변 숲길 등 여러 곳에서 자라고 있다.

16. 매발톱 *Aquilegia buergeriana* Siebold & Zucc. var. oxysepala (Trautv. & C. A. Mey.) Kitam.

미나리아재비과의 여러해살이풀이다. 꽃은 5~6월에 자줏빛을 띤 갈색이고 가지 끝에서 아래를
향하여 달리며, 육종으로 꽃의 색깔이 다양한 원예종이 많다. 꽃잎은 5장이고 누른빛을 띠며 꽃잎
밑동에 자줏빛을 띤 꿀주머니가 있다. 번식은 종자 또는 분주로 한다. 뿌리에 달린 잎은 잎자루가
길며 2회 3출 복엽으로 줄기에 달린 잎은 위로 올라갈수록 잎자루가 짧아진다. 우리나라 전 지역
햇빛이 잘 드는 산골짜기에서 잘 자라며 중국, 시베리아 동부까지 분포하고, 청와대에서는 관저 내
정, 인수로변, 상춘재, 녹지원 주변, 소정원, 위민관 화단, 버들마당 등 여러 곳에서 자라고 있다.

청와대야 소풍 가자

17. 목단 *Paeonia suffruticosa* Andr.

미나리아재비과이며, 꽃은 5월에 피고 열매는  9월에 익는다. 잎은 달걀모양 2~5개로 갈라지며 뒷면에 잔털이 있다. 꽃색은 홍자색이 대표적이며 흰색도 있다. 모란은 꽃이 화려하여 위엄과 품위를 갖추고 있는 부귀화(富貴化)라고도 한다. 우리나라 전 지역에서 재배하고 있으며 신라 진평왕 때 중국에서 들어왔다고 알려져 있다. 청와대에서는 관저 내정, 침류각, 녹지원 주변, 소정원, 위민관 화단, 버들마당 등지에서 자라고 있다. 꽃말은 "부귀, 왕자의 품격"이다.

18. 무스카리 *Muscari armeniacum*

백합과이며 4~5월 꽃이 피는 다년생 식물이다. 잎은 7~10장  이 뭉쳐나고(총생), 선형으로 자라며 안쪽으로 골이 져 있다.

번식은 구근으로 하며, 꽃 색은 진한 청색이다. 사질토, 햇볕이 잘 들고 배수가 잘되는 곳에서 잘 자라며, 화분에도 많이 심는다. 지중해, 서남아시아 지역에 주로 분포하며, 우리나라는 조경용으로 들여왔으며, 청와대에서는 인수로변, 침류각, 녹지원 주변, 소정원, 위민관 화단, 버들마당 등지에서 자라고 있다.

19. 맥문동 *Liriope muscari* (Decne.) L. H. Bailey

백합과의 여러해살이풀이다. 5~8월에 자줏빛 꽃이 수상꽃차
례로 마디마다 3~5개씩 달린다. 꽃이삭은 길이 8~12cm이다. 한
방에서 약재로 사용하는데 소염, 강장, 진해, 거담제 및 강심제로
이용한다. 그늘진 곳에서도 잘 자라는데 뿌리줄기에서 잎이 모여
나와서 포기를 형성하고, 줄기는 곧게 선다. 우리나라와 일본, 중
국, 대만, 동북아시아 및 전 세계에 폭넓게 분포하고, 청와대에서
는 인수로변, 침류각, 녹지원 주변, 소정원, 위민관 화단, 버들마
당, 성곽로 등 경내 그늘진 곳 피복용으로 많이 심겨져 있다.

맥문동

노란무늬맥문동

20. 바위취 *Saxifraga stolonifera* Curtis

범의귀과이며, 5~6월에 흰색의 꽃이 피고 열매는 가을에 익는
다. 잎은 신장 모양이고 뿌리 근처에서 밀생한다. 약간 습하고 반
그늘에서 잘 자라며 내한성이 강하다. 우리나라와 일본에 분포하
고, 청와대에서는 용충교와 백악교 연못 주변과, 수영장 주변에
자라고 있다. 꽃말은 "절실한 애정"이다.

21. 복수초 *Adonis amurensis* Regel & Radde

　미나리아재비과의 여러해살이 풀이다. 3~4월 눈 속에서 노란 꽃이 피며, 열매는 여름에 익는 다년생 식물이다. 복과 장수를 상징하니 그 이름만으로도 축복 같은 식물이다. 배수가 잘되는 비옥한 땅 반그늘에서 잘 자란다. 청와대에서는 관저 내정, 위민관 화단에 많이 자란다. 꽃말은 "영원한 행복"이다.

22. 봄맞이 *Androsace umbellata* (Lour.) Merr

　앵초과이며, 4~5월에 흰색 꽃이 하늘을 향해 핀다. 잎은 근생엽이고, 계란형이며 가장자리는 톱니와 더불어 거친 털이 있다. 번식은 분주로 한다. 우리나라 들판 습윤한 초지에서 흔히 볼 수 있으며, 일본에도 분포하고, 청와대에서는 침류각, 녹지원 주변, 소정원, 위민관 화단, 버들마당, 성곽로 주변에 많이 자란다. 꽃말은 "희망"이다.

23. 붉은인동 *Lonicera periclymenum*

인동과의 반상록 덩굴성 식물이다. 5~6월에 붉은색 꽃이 잎겨드랑이에서 핀다. 추위에 강하고 건조한 곳에서도 잘 자라 토양의 피복 목적으로 많이 심는다. 반상록활엽의 덩굴성 수목으로 줄기가 다른 물체를 감으면서 길이 5m까지 뻗는다. 줄기에 거친 털이 빽빽이 나 있다. 잎은 마주나며 긴 타원형이고 가장자리가 밋밋하다. 늦게 난 잎은 상록인 상태로 겨울을 난다. 한방에서는 잎과 줄기를 인동이라 하여 이뇨제나 해독제로 사용한다. 우리나라 전 지역에 분포하고, 청와대에는 관저 내정, 침류각, 본관 뒷산, 소정원 등에 자라고 있다.

24. 붓꽃 *Iris sanguinea Donn* ex Hornem.

붓꽃

각시붓꽃

붓꽃과의 여러해살이풀이다. 5~6월에 자줏빛 꽃이 꽃줄기 끝에 2~3개씩 달린다. 원예종으로 흰색, 노란색, 자색 등 색깔이 다양하다. 뿌리줄기가 옆으로 자라면서 새싹이 나와 뭉쳐나며, 잎은 폭이 5~10mm이다. 산기슭 건조한 곳에서 자라며, 우리나라와 중국, 일본, 시베리아 동부지역에 분포한다. 청와대에서는 소정원 거울연못, 용충교 연못, 백악교 연못, 관저회차로 연못 주변에 자라고 있다. 꽃말은 "기별, 존경, 신비한 사람"이다.

25. 산마늘 *Allium microdictyon* Prokh.

백합과의 여러해살이풀이며, 5~6월에 연한 자주빛 꽃이 피고 열매는 9월에 익는다. 종자 또는 분근으로 번식한다. 잎자루 밑은 잎집으로 서로 둘러싸고 있다. 어린잎은 식용으로 할 수 있다. 배수가 잘되는 부식질이 많은 점질양토에서 잘 자란다. 우리나라는 울릉도, 산청, 함양, 인제, 평창 등지에서 식용으로 많이 재배하고, 고산지대에 자생한다. 청와대에서는 소정원, 관저 내정, 침류각, 관저 회차로, 위민관 정원에 자라고 있다.

26. 섬초롱꽃 *Campanula takesimana* Nakai

초롱꽃과 여러해살이풀이며, 5~6월에 엷은 자주색 또는 흰색초롱과 같은 꽃이 피고, 열매는 7~8월에 익는다. 뿌리 근처에서는 근생엽이고, 줄기에서 나는 잎은 어긋나며(호생) 척박한 곳에서도 잘 자라며, 번식은 종자로 하며, 번식력이 강하다. 우리나라 울릉도에 자생하며, 청와대에서는 관저 내정, 위민관 화단, 침류각 주변에 자라고 있다.

27. 수선화 *Narcissus tazetta* L.

수선화과 여러해살이풀이며, 1~3월에 꽃이 피고, 꽃 색깔은 노란색, 흰색 등 여러 가지로 핀다. 잎은 뭉쳐나기(총생)를 하며 긴 선형이고 끝이 둔하며 백록색을 띠고 두껍다. 비늘줄기로 번식하며 10월에 심으면 이듬해 봄에 꽃이 핀다. 지중해 연안이 원산지이고, 우리나라와 중국, 일본,  지중해 등지에 분포한다. 사질토양에서 잘 자라며, 청와대에서는 관저 회차로, 소정원, 버들마당, 온실 등지에서자라고 있다. 꽃말은 "신비, 자존심, 고결"이다.

28. 수호초 *Pachysandra terminalis* Siebold & Zucc.

회양목과의 상록 여러해살이풀이다. 4~5월에 흰색 꽃이 수상꽃차례로 달린다. 나무 그늘에서 잘 자라며, 원줄기가 옆으로 뻗으면서 끝이 곧추서고 녹색이다. 잎은 어긋나지만 윗부분에 모여 달리고 달걀을 거꾸로 세운 듯한 모양이며 윗부분에 톱니가 있다. 원산지는 일본이며 한국, 사할린섬, 중국에도 분포하고, 청와대에서는 관저 내정, 관저 회차로, 소정원, 수궁터, 본관 중정, 녹지원 주변 숲길, 버들마당 등 그늘지역 피복용으로 많이 심었다.

수호초   무늬수호초

29. 소엽맥문동(애란) *Ophiopogon japonicus* (Thunb.) Ker Gawl.

백합과의 여러해살이풀이다. 5월에 연한 자주색 또는 흰색의 꽃 10개 내외가 총상으로 달린다. 뿌리줄기가 옆으로 뻗으면서 자라고 뿌리 끝이 땅콩같이 굵어지는 것도 있다. 잎은 밑에서 뭉쳐나고 선형이며, 가장자리는 얇은 종이처럼 반투명한 막질이다. 산지의 음달에서 자라며, 우리나라와 일본, 중국, 대만 등지에 분포하고, 청와대에서는 관저 내정, 소정원, 춘추관, 백악교, 본관 중정 등에 자라고 있다.

30. 앵초 *Primula sieboldii* E. Morren

앵초과의 여러해살이풀이며, 4~5월에 홍자색 꽃이 피고 열매는 여름에 익는다. 종자 또는 분주로 번식하고, 잎은 뿌리에서 뭉쳐나고 모양은 달걀모양 또는 심장 모양이며 가장자리에는 둔한 겹거치가 있다. 우리나라 산과 들의 물가나 풀밭에서 잘 자라며, 일본, 중국, 시베리아 동부에 분포하고, 청와대에서는 소정원, 춘추관 옥상정원, 백악교, 온실주변, 인수로변등에 자라고 있다. 꽃말은 "어린 시절의 슬픔"이다.

31. 양지꽃 *Potentilla fragarioides* L. var. major Maxim.

장미과이며 여러해살이풀이며, 4~6월에 노란
색 꽃이 피고 열매는 여름에 익는다. 잎은 뿌리에
서 뭉쳐나고 끝에 달린 3개의 작은 잎은 크기가
비슷하고, 포복경으로 번식한다. 한방에서는 식
물체 전체를 약재로 쓰는데, 잎과 줄기는 위장의
소화력을 높이고, 뿌리는 지혈제로 쓰인다. 우리
나라는 산기슭 햇빛이 잘 드는 습한 곳에서 잘 자
라며, 일본, 중국, 시베리아 동부에 분포하고, 청와대에서는 소정원, 관저회차로, 백악교, 녹지
원 주변에 자라고 있다. 꽃말은 "사랑스러움"이다.

32. 얼레지 *Erythronium japonicum* Decne.

백합과의 여러해살이풀이며, 3~4월에 홍자색의 꽃이 피고
열매는 여름에 익는다. 2개의 잎이 나와서 수평으로 퍼진다.
꽃대는 잎 사이에서 나와 끝에 한 개의 꽃이 밑을 향하여 달린
다. 꽃잎은 6개이며 뒤로 말린다. 우리나라는 높은 지대 비옥
한 땅에서 잘 자라며, 일본에도 분포한다. 청와대에서는 소정
원, 관저 회차로, 위민관 중정, 백악교 주변에 자라고 있다. 꽃
말은 "질투"이다.

33. 윤판나물 *Disporum uniflorum* Baker

백합과의 여러해살이풀이며, 4~6월에 황금색 꽃이 피고 열매
는 여름에 익는다. 잎은 어긋나기(호생)하며, 잎 모양은 타원형
이고 가장자리는 밋밋하다. 번식은 종자나 분주로 한다. 우리나
라는 배수가 잘되는 반그늘 숲속에서 잘 자라며, 중국, 일본 사할
린섬에 분포한다. 청와대에서는 소정원, 용충교에서 본관 진입로
변, 관저 내정에 자라고 있다.

34. 으아리 *Clematis terniflora* DC. var. mandshurica (Rupr.) Ohwi

미나리아재비과의 덩굴성 여러해살이풀이다. 6~8월에 흰
색 꽃이 줄기 끝이나 잎겨드랑이에 취산꽃차례로 달린다. 잎
은 마주 달리고 잎자루는 덩굴손처럼 구부러지며, 바소꼴이
다. 꽃받침은 4~5개이고, 꽃잎처럼 생기며, 달걀을 거꾸로 세
워 놓은 모양의 긴 타원형이다. 어린잎은 식용으로 사용할 수
있고, 뿌리는 이뇨, 진통, 통풍, 신경통에 처방한다. 우리나라
산기슭에서 자라며, 중국에도 분포한다. 청와대에서는 소정
원, 백악교 주변에 자라고 있다.

35. 은방울꽃 *Convallaria keiskei* Miq.

백합과의 여러해살이풀이며, 4~5월에 흰색의 은방울 같은 꽃이 피고 열매는 7월에 붉게 익는다. 잎은 뿌리 근처에서 직접 올라오는 단엽 뭉쳐나기(총생)를 하고 번식은 종자나 분주로 한다. 우리나라 숲속 배수가 잘되는 반그늘에서 잘 자라며, 중국, 동시베리아, 일본 등지에 분포하며, 청와대에서는 소정원, 녹지원, 위민관 중정, 오운각 주변에 자라고 있다. 꽃말은 "순결"이다.

36. 인동덩굴 *Lonicera japonica* Thunb.

인동과의 반상록 덩굴식물이다. 꽃은 5~6월에 피고 연한 붉은색을 띤 흰색이지만 나중에 노란색으로 변하며, 2개씩 잎겨드랑이에 달리고 향기가 난다. 줄기는 시계방향으로 돌며 뻗어 다른 물체를 감으면서 5m까지 올라간다. 겨울에도 잎이 떨어지지 않기 때문에 인동이라고 한다. 밀원식물이며 한방에서는 꽃봉오리를 금은화라고 하며, 민간에서는 해독작용, 이뇨와 미용에 좋다고 하여 차나 술을 만들기도 한다. 우리나라 산과 들의 양지바른 곳에서 자라며, 일본, 중국에 분포한다. 청와대에서는 소정원, 녹지원 바위정원에 자라고 있다.

37. 작약 *Paeonia lactiflora* Pall.

미나리아재비과의 여러해살이풀로 배수가 잘
되는 양지쪽에서 잘 자라며, 5~6월에 홍색, 흰색
의 꽃이 피고 열매는 가을에 익는다. 약용으로 많
이 재배하고, 4년근이 수확량과 약성이 제일 좋
다. 잎은 어긋나고 3갈래로 갈라지며, 잎 표면은
광택이 있다. 원산지는 중국이며, 한국, 일본, 몽골, 동시베리아 등지에 분포한다. 청와대에서
는 관저 내정, 소정원, 상춘재, 유실수원에 자라고 있다. 꽃말은 "수줍음"이다.

38. 제비꽃 *Viola mandshurica* W. Becker

제비꽃과의 여러해살이풀이며, 4~5월에 자주색 또는 흰색의 꽃이 피고 열매는 여름에 익는
다. 뿌리에서 긴 자루가 있는 잎이 나와 옆으로 비스듬히 퍼진다. 토질은 가리지 않고 척박한
곳에서도 잘 자라며 양지바른 곳을 좋아한다. 우리나라와 중국, 일본, 동시베리아 등지에 분포
한다. 청와대에서는 유실수원, 녹지원 계류 주변, 상춘재 언덕, 백악교 주변에 자라고 있다.

제비꽃   흰 제비꽃

39. 조개나물 *Ajuga multiflora* Bunge

꿀풀과의 여러해살이풀이며, 5~6월에 자주색 꽃이 피고 열매는 8월에 익는다. 잎은 마주나며 잎자루가 없고, 가장자리에 물결 모양 톱니가 있다. 번식은 분주로 한다. 우리나라는 제주도를 제외한 전 지역에서 살고, 부식질이 많고 배수가 잘되는 양지바른 낮은 산이나 들에서 자라며, 중국 등지에 분포한다. 청와대에서는 소정원, 수궁터, 버들마당에 자라고 있다. 꽃말은 "순결, 존엄"이다.

40. 족도리풀 *Asarum sieboldii* Miq.

쥐방울덩굴과의 여러해살이풀이며, 4~5월에 자주색 꽃이 뿌리 가까이에서 피는데, 꽃은 새색시 족두리를 닮았다 하여 붙여진 이름이다. 뿌리는 세신이라는 한약재로 쓰인다. 잎은 뭉쳐나기(총생)를 하며, 단엽으로 심장 모양과 비슷하다. 번식은 분주로 한다. 부식질이 많고 배수가 잘되는 그늘진 곳에서 자라며, 우리나라는 전 지역에 분포하고, 광릉 숲에 군락지가 있다. 청와대에서는 소정원, 관저 내정에 자라고 있다. 꽃말은 "모녀의 정"이다.

41. 종지나물 *Viola sororia* Willd.

제비꽃과의 여러해살이풀이다. 4~5월에 꽃이
피는데 바탕색은 흰색이며 중앙은 옅은 청보라색
을 띤다. 번식은 종자 또는 분주로 한다. 잎은 밑
동으로부터 나오며 잎자루가 잎의 길이보다 길다.
잎은 종지 모양 혹은 심장 모양이며 끝이 뾰족하
고 가장자리에는 자잘한 톱니가 있다. 8·15 직후
미국에서 건너온 귀화식물로 미국제비꽃이라고도

부르며, 청와대에서는 용충교, 인수로 주변, 유실수원에 자라고 있다. 꽃말은 "성실, 겸손"이다.

42. 줄사철나무 *Euonymus fortunei* (Turcz.) Hand.-Mazz. var. radicans (Miq.) Rehder

노박덩굴과의 상록활엽 덩굴성 목본 식물이다. 잎보기식물이며, 5~6월에 잎겨드랑이에서
여러 개의 녹색의 꽃이 취산화서로 달린다. 덩굴성으로 자라는 줄기는 길이 10m 이상으로 공
기뿌리가 나와 다른 물체에 달라붙는다. 잎은 마주나기를 하고 달걀 모양이며, 잎의 두께는 두
꺼운 편이고, 가장자리에 둔한 톱니가 있다. 난대지방의 표고 100~900m에 자생하며 내한성과
내음성, 내공해성이 강하다.

우리나라 원산으로 일본, 중국 등지에 분포하고, 청와대에서는 관저 내정, 위민관 중정, 의무
동 주변, 녹지원 바위정원에 자라고 있다.

43. 처녀치마 *Helonias koreana* (Fuse, N. S. Lee & M. N. Tamura) N. Tanaka

백합과의 상록성 여러해살이풀이며 4~5월에 연한 자주색 꽃이 피며, 꽃줄기는 잎 중앙에서 나오고 길이 10~15cm이지만 꽃이 진 후에는 60cm 내외로 자라고 3~10개의 꽃이 총상꽃차례로 달린다. 잎은 무더기로 나와서 꽃방석같이 퍼지고 거꾸로 선 바소꼴이며 녹색으로 윤기가 있다. 처녀치마란 이름도 잎이 땅바닥에 사방으로 둥글게 퍼져 있는 모습이 옛날 처녀들이 즐겨 입던 치마와 비슷하다 하여 붙여진 이름이다. 우리나라 산기슭이나 산마루 양지쪽에 자라며 일본 등지에 분포한다. 청와대에서는 관저 내정, 소정원, 침류각 주변, 춘추관 화단, 녹지원 주변에 자라고 있다.

44. 튤립 *Tulipa gesneriana*

백합과의 구근식물이며, 꽃은 4~5월에 한 포기에 한 개의 꽃대가 위를 향하여 빨간색, 노란색 등 여러 빛깔로 피고, 넓은 종 모양이다. 잎은 밑에서부터 서로 어긋나고 밑부분은 원줄기를 감싼다. 비늘줄기는 달걀 모양이고 가을에 심는다. 잎의 길이는 20~30cm, 타원 모양 바소꼴이고 가장자리는 물결 모양이며 안쪽으로 약간 말린다. 원산지는 유럽과 중앙아시아 지역이며, 관상용 귀화식물로 조경용으로 많이 심고, 청와대에서는 관저 내정, 소정원, 상춘재, 녹지원에 자라고 있다.

청와대야 소풍 가자

45. 크로커스 *Crocus sativus* L.

붓꽃과에 속하는 여러해살이 알뿌리 화초이다. 꽃은 품종에 따
라 노란색, 흰색, 보라색 등의 색을 띤다. 잎은 긴 선형이고 끝이
둔하며 백록색을 띠고 두껍다. 번식은 알뿌리로 10월 하순에 심
으면 이듬해 봄에 꽃이 핀다. 원산지는 유럽 남부 지중해 연안,
중앙아시아이다. 세계의 많은 지역에서 재배하는 원예 식물로서
화단, 화분, 수상 재배에 널리 이용되고, 청와대에서는 관저 내
정, 소정원, 상춘재, 녹지원에 자라고 있다. 꽃말은 "즐거움, 지나
간 행복"이다.

46. 할미꽃 *Pulsatilla koreana* (Y. Yabe ex Nakai) Nakai ex T. Mori

미나리아재비과의 여러해살이풀이며, 4~5월 양지바른 곳에서 자주색 꽃을 피운다. 잎은 근
생엽으로 뭉쳐나고(총생), 줄기에 붙은 잎은 여러 갈래로 나누어진다. 할미꽃은 고개를 숙이
고 있다가 씨가 영글면 고개를 곧추세우는데 이는 자손을 널리 퍼트리기 위함이다. 동강에서
1997년 발견된 동강할미꽃은 우리나라에서만 산다. 동강할미꽃은 다른 할미꽃과 달리 위를
향해 꽃핀다. 토양은 가리지 않고 건조에도 강하다. 청와대에서는 관저 내정, 관저 회차로, 버
들마당, 녹지원에 자라고 있다. 꽃말은 "충성, 슬픈 추억"이다.

동강할미꽃

여 름 에 피 는 꽃

47. 곰취 *Ligularia fischeri* (Ledeb.) Turcz.

국화과의 여러해살이풀로 꽃은 7~9월에 노랗게 총상꽃차례로  핀다. 번식은 포기나누기 또는 씨앗으로 하며, 어린잎을 나물로 먹는데, 독특한 향미가 있어 산나물로도 많이 재배한다. 잎은 큰 심장 모양으로 가장자리에 거치가 있으며 잎자루가 길다. 고산지 대 습지에서 잘 자라며, 비옥하고 그늘진 곳을 좋아한다. 우리나라와 중국, 일본에도 분포하고, 청와대에서는 유실수원, 의무동 주변에 자라고 있다.

48. 구름국화 *Erigeron alpicola* (Makino) Makino

국화과의 여러해살이풀이며, 7~8월 자주색 꽃이 원줄기 끝에  1개의 꽃이 달리고 화경에 털이 있다. 뿌리에서 난 잎은 주걱 모양이고 끝이 둔하며, 줄기에서 난 잎은 바소꼴이다. 꽃줄기에 달린 잎은 위로 올라갈수록 작아지며 주걱 모양 또는 긴 타원 모양의 바소꼴이다. 높은 산에서 자라며 북한에서는 천연기념물로 지정하였으며 함경남·북도에 분포한다. 종자번식을 하며 우리나라에선 관상용으로 심고, 청와대에서는 소정원, 관저 내정에 자라고 있다. 꽃말은 "청춘, 정조"이다.

49. 금계국 *Coreopsis basalis* (A. Dietr.) S. F. Blake.

국화과의 한해살이풀 또는 두해살이풀로 6~7월에 노란색 꽃이 피고, 밑부분의 잎은 잎자루가 있고 윗부분의 잎은 잎자루가 없다. 마주나기(대생)를 하며 잎 모양은 긴 선상형으로 1회 우상복엽이다. 북아메리카 원산이며 관상용으로 화단에 많이 심는다. 배수가 잘 되는 모래참흙에서 잘 자라며, 청와대에서는 버들마당, 인수로 주변, 관저 회차로, 의무동 주변에 많이 심었다.

50. 금꿩의다리 *Thalictrum rochebruneanum* Franch. & Sav.

미나리아재비과의 여러해살이풀이며, 7~8월 담자색 꽃이 원추꽃차례로 줄기 끝이나 잎겨드랑이에서 핀다. 잎은 어긋나고 짧은 잎자루가 있으며 3~4회 세 장의 작은 잎이 나오며 턱잎은 밋밋하다. 작은 잎은 달걀을 거꾸로 세운 모양이고 끝에 3개의 톱니가 있다. 턱잎은 달걀모양으로 얇은 종이처럼 반투명한 막질(膜質)이고 줄기를 감싸며 뒷면에는 흰색 가루가 묻어 있는 것 같다. 우리나라는 강원도, 경기도, 평안북도에서 자라고 일본에도 분포한다. 청와대에서는 용충교 주변, 수궁로 변, 소정원, 위민관 주변에 많이 있다. 꽃말은 "섬세한 아름다움"이다.

51. 금불초 *Inula japonica* Thunb.

국화과의 여러해살이풀이며, 7~9월에 노란색 꽃이 원줄기와 가지 끝에 달린다. 어린순은 식용으로 할 수 있고, 꽃을 말려 차로 마시면 거담, 진해, 건위 등의 효능이 있다. 잎은 어긋나고 잎자루는 없으며, 바소꼴로 잔 거치가 있고, 밑부분이 좁아져서 줄기를 싸며 양면에 털이 있다. 번식은 종자 또는 분주로 한다. 건조지에서도 잘 자라지만 습한 곳을 더 좋아한다. 우리나라와 일본, 중국, 만주 등지에 분포한다. 청와대에서는 춘추관, 인수로변에 자란다. 꽃말은 "상큼"이다.

52. 기린초 *Phedimus kamtschaticus* (Fisch. & C.A.Mey.) 't Hart

돌나물과의 여러해살이풀이며, 6~7월에 노란꽃이 꽃대꼭대기에 많이 핀다. 어린순은 식용으로 할 수 있고, 산지의 바위 곁에서 자란다. 잎은 어긋나고 거꾸로 선 달걀모양이며 거치가 있다. 잎자루는 거의 없고, 다육질이다. 우리나라는 경기도, 함경남도 일대와 일본, 사할린, 중국 등지에 분포하고, 청와대에서는 소정원, 인수로, 수궁로, 상춘재 등 여러 곳에서 자라고 있다. 꽃말은 "소녀의 사랑, 기다림"이다.

53. 까치수염 *Lysimachia barystachys* Bunge

앵초과의 여러해살이풀이며, 6~8월에 흰색 꽃이 줄기 끝에서 산형꽃차례로 피는데 동물 꼬리 모양으로 피고, 열매는 9월에 붉은 갈색으로 익는다. 줄기는 붉은빛이 감도는 원기둥형이고 가지를 친다. 잎은 어긋나고 줄 모양 긴 타원형이며, 거치가 없고 차츰 좁아져 밑쪽이 잎자루처럼 되나 잎자루는 없다. 관상용으로 많이 심으며, 우리나라 전역에 분포하고, 낮은 지대의 약간 습한 풀밭에서 잘 자란다. 청와대에서는 관저 내정, 위민관, 헬기장, 춘추관 등에 자라고 있다. 꽃말은 "잠든 별, 동심"이다.

54. 꼬리풀 *Pseudolysimachion linariifolium* (Pall. ex Link) Holub

현삼과의 여러해살이풀이며, 7~8월에 푸른빛이 도는 자주색 꽃이 줄기 끝에 총상꽃차례로 피는데 다닥다닥 붙어서 피고, 열매는 9~10월에 익는다. 줄기는 곧게 서고 가지가 갈라진다. 잎은 마주나기도하고 어긋나기도 하며 줄 모양 바소꼴로 끝이 뾰족하고 톱니가 있다. 잎 뒷면 맥 위에 털이 있고 잎자루는 없다. 어린잎은 식용 가능하며, 관상용으로 많이 심는다. 민간에서는 풀 전체를 중풍, 방광염 등의 치료제로 쓰이며, 산과 들의 풀밭에서 잘 자란다. 번식은 종자 또는 분주로 하며, 우리나라 전역에 분포하고, 청와대에서는 관저 내정, 소정원에 자라고 있다. 꽃말은 "달성"이다.

55. 꽃창포 *Iris ensata* Thunb.

　붓꽃과의 여러해살이풀이며, 6~7월에 진한 자주색 꽃이 꽃줄기 끝에 핀다. 들의 습지에서 잘 자라며, 줄기는 곧게 서고 여러 개가 모여난다. 뿌리줄기는 짧고 갈색 섬유에 싸인다. 잎은 어긋나며 가운데 맥이 발달하였다. 번식은 종자 또는 분주로 하며, 관상용으로 많이 심는다. 우리나라 전 지역에 분포하고, 청와대에서는 소정원, 친환경 단지에 자라고 있다. 꽃말은 "깨끗한 마음"이다.

56. 꽈리 *Physalis alkekengi* L.

　가지과의 여러해살이풀이며, 꽃은 7~8월에 연한 노란색으로 피는데, 잎겨드랑이에서 나온 꽃자루 끝에 한 송이씩 달린다. 꽃이 핀 후에 꽃받침은 자라서 주머니 모양으로 열매를 둘러싼다. 열매는 붉게 익으며 먹을 수 있고, 이 열매를 '꽈리'라고 한다. 마을 부근의 길가나 빈터에서 자라며 심기도 한다. 번식은 종자 또는 땅속줄기가 길게 뻗어 번식을 하며, 잎은 어긋나지만 한 마디에서 2개씩 나고 잎자루가 있으며, 잎몸은 타원형으로 끝이 뾰족하고, 가장자리는 깊게 패인 톱니가 있다. 우리나라와 일본, 중국에 분포하고, 청와대에서는 소정원, 친환경 단지에 자라고 있다. 꽃말은 "약함, 수줍음"이다.

57. 꿩의다리 *Thalictrum aquilegiifolium* L. var. sibiricum Regel & Tiling

미나리아재비과의 여러해살이풀이며, 7~8월에 흰색 또는 보라색 꽃이 줄기 끝에 핀다. 어린 잎과 줄기는 나물로 먹을 수 있다. 작은 잎은 달걀을 거꾸로 세운 모양이고 끝이 얇게 3~4개로 갈라지며 끝이 둥글다. 번식은 종자로 하며, 우리나라는 산기슭의 풀밭에서 잘 자라며, 아시아 및 유럽의 온대에서 아한대 지역에 분포한다. 청와대에서는 관저 내정, 소정원에 자라고 있다. 꽃말은 "순간의 행복"이다.

58. 넓은잎기린초 *Phedimus ellacombeanus* (Praeger) 't Hart

돌나물과의 여러해살이풀이다. 5~8월에 노란색 꽃이 피고, 꽃대가 3~4개로 갈라져 많은 수의 꽃이 달리고, 꽃잎은 피침형이며 길이 6~7mm로 끝이 뾰족하다. 줄기는 뭉쳐나고, 잎은 타원형으로 어긋나기도하고(호생), 마주나기도하고(대생), 돌려나기도(윤생) 하며, 잎끝이 둥글거나 둔하며 가장자리에 톱니가 있다. 우리나라는 산지에서 자라며, 일본, 중국(온대) 등지에 분포한다. 청와대에서는 수궁로, 인수로, 수영장, 소정원, 관저 내정, 용충교 주변에 자라고 있다.

59. 노루오줌 *Astilbe chinensis* (Maxim.) Franch. & Sav.

범의귀과의 여러해살이풀이다. 꽃은 5~7월에 분홍색 꽃이 핀다. 꽃은 꽃줄기 위쪽에 발달하여 원추꽃차례에 달리며, 분홍색이지만 변이가 심하다. 줄기는 곧게 서고 갈색의 긴 털이 난다. 잎은 어긋나고 잎자루가 길며 2~3회 3장의 작은 잎이 나온다. 작은 잎은 달걀 모양 긴 타원형이고, 끝은 뾰족하며 밑은 뭉뚝하거나 심장 모양이고, 가장자리에 톱니가 있다. 전국의 산지에서 흔하게 볼 수 있으며, 청와대에서는 수궁터, 인수로변, 소정원, 관저 내정, 녹지원 계류 변, 용충교 주변에 자라고 있다.

60. 다람쥐꼬리 *Huperzia miyoshiana* (Makino) Ching

석송과의 상록성 여러해살이풀이다. 줄기는 키가 5~15cm이고 옆으로 자라면서 군데군데 뿌리를 내리고, 윗부분은 비스듬히 서거나 곧게 서고 2개씩 몇 번 갈라진다. 잎은 줄기에 빽빽이 붙어서 나고, 바늘 모양이다. 녹색이며 딱딱하고, 약간 두껍고 끝이 뾰족하다. 줄기 끝부분에 생기는 부정아(不定芽)는 녹색이고 좌우에 날개가 있으며 끝이 오목하게 파였고 땅에 떨어지면 싹이 돋아 새로운 개체가 된다. 한방에서는 소접근초라는 약재로 쓰는데, 근육 손상, 지혈제로 사용한다. 우리나라는 제주, 경북, 강원도 지방 높은 산의 나무 그늘에서 자라며, 일본, 중국, 사할린, 알래스카 등지에 분포하고, 청와대에서는 녹지원 바위정원에 자라고 있다.

61. 달맞이꽃 *Oenothera biennis* L.

바늘꽃과의 2년생풀이며, 6~8월에 노란색으로 꽃이 잎 겨드랑이에 1개씩 달리며, 저녁에 피었다가 아침에 시든 다. 굵고 곧은 뿌리에서 여러 개의 줄기가 나와 곧게 서며 전체에 짧은 털이 난다. 잎은 어긋나고 줄 모양의 바소꼴이 며 끝이 뾰족하고 가장자리에 얕은 톱니가 있다. 칠레가 원 산지인 귀화식물이며 전국 각지에 퍼져 물가나 길가, 빈터 에서 잘 자란다. 청와대에서는 소정원, 관저 내정에 자라고 있다. 꽃말은 "기다림"이다.

62. 땅채송화 *Sedum oryzifolium* Makino

돌나물과의 여러해살이풀이다. 6~7월에 노란색 꽃이 피고, 꽃 이삭은 흔히 3개로 갈라져 많은 수의 꽃이 달리고, 꽃잎은 5개이 고 넓은 바소꼴로 끝이 날카로우며 뾰족하다. 줄기는 옆으로 뻗 어 많은 가지를 내며 원줄기 윗부분과 가지가 모여 곧게 선다. 잎 은 어긋나고 원뿔형의 달걀을 거꾸로 세운 모양으로 끝이 뭉뚝하 며, 잎자루는 없다. 어린 순은 먹기도 하며, 관상용, 약용으로 심고, 우리나라는 제주, 경남, 울 릉, 충남 지역 바닷가 바위 겉에 붙어 자라며, 일본 등지에 분포한다. 청와대에서는 소정원, 온 실 주변에 자라고 있다.

꽃말은 "소녀의 사랑"이다.

63. 도라지 *Platycodon grandiflorus* (Jacq.) A.DC.

초롱꽃과의 여러해살이풀이다. 여름에 흰색과 보라색으로 꽃이 핀다. 뿌리를 식용, 약용으로 많이 쓰인다. 도라지의 주요 성분은 사포닌으로 뿌리를 한방에서 길경(桔梗)이라 하며 치열(治熱), 폐열, 편도염의 치료제로 사용한다. 잎은 어긋나고 긴 달걀모양 바소꼴이며, 가장자리에 톱니가 있고 잎자루는 없다. 우리나라와 일본, 중국에 분포하며, 종자로 번식한다. 청와대에서는 관저 주변, 소정원, 침류각 주변, 의무동 주변에 자라고 있다. 꽃말은 "영원한 사랑"이다.

64. 동자꽃 *Lychnis cognata* Maxim.

석죽과의 여러해살이풀이며, 6~7월에 주홍색으로 백색 또는 적백색의 무늬가 있고 줄기 끝과 잎겨드랑이에서 낸 짧은 꽃대 끝에 1송이씩 취산꽃차례로 핀다. 잎은 마주나고 긴 타원형 또는 달걀모양 타원형으로 끝이 날카로우며 잎자루가 없고 가장자리에 거치가 없다. 앞뒷면과 가장자리에 털이 있고 황록색이다. 우리나라 경상도, 충청도, 강원도, 경기도 및 북한에도 분포한다. 청와대에서는 소정원에 자라고 있다.

65. 두메부추 *Allium dumebuchum* H. J. Choi

백합과의 여러해살이풀이다. 8~9월에 엷은 홍자색으로 꽃이
피는데, 꽃자루의 끝에 많은 꽃이 뭉쳐 핀다. 비늘줄기는 달걀 모
양 타원형이며, 외피에 양파 껍질처럼 얇은 막질이 있고, 잎은 뿌
리에서 많이 뭉쳐나기를 한다. 번식은 종자 또는 분근으로 한다.
어린잎은 식용 가능하고, 민간에서는 비늘줄기(뿌리)를 이뇨제,
강장제 등으로 이용한다. 울릉도, 백두산 등지에 분포하고, 청와
대에서는 소정원, 친환경단지, 인수로변에 자라고 있다.

66. 리시마키아 *Lysimachia nummularia* L.

앵초과의 상록성 여러해살이풀이다. 5~8월에 노란색 꽃이 잎겨드랑이에서 나온 꽃대에 한
송이씩 핀다. 꽃잎은 5개로 갈라지고, 가장자리는 물결 모양으로 구불어져 있다. 잎은 마주나
기하고, 달걀 모양의 원형이며, 끝이 뾰족한 것도 있고, 둔한 것도 있으며, 가장자리는 밋밋하
고, 잎자루는 짧다. 잎이 노란색인 품종도 있다. 청와대에서는 버들마당에 자라고 있다.

 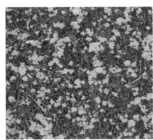 

67. 리아트리스 *Hypericum patulum* Thunb.

국화과의 여러해살이풀이며, 7~9월에 분홍빛
이 도는 자줏빛 꽃이 수상꽃차례 또는 총상꽃차
례로 꽃이 많이 달린다. 북아메리카가 원산지이
며, 30여 종이 있다. 잎은 솔잎 모양의 가는 잎이
나선형으로 둘러싼다. 잎 가장자리는 밋밋하며
밑에서는 밀생하지만 위로 올라갈수록 성글어진
다. 청와대에서는 위민관 주변, 소정원, 관저 내정, 녹지원 계류 주변에 자라고 있다.

68. 망종화(금사매) *Hypericum patulum* Thunb.

물레나물과의 소관목으로 금사매라고도 한다. 6~7월에 노란
색 꽃이 핀다. 번식은 꺾꽂이 또는 포기나누기로 하고, 줄기는 길
이 1m 정도로 자라는데, 무리 지어 자라서 덩굴처럼 보인다. 잎
은 마주나고 긴 타원형이며, 잎의 끝은 둥글고 가장자리가 매끈
하다. 중국 원산으로 우리나라에서는 조경용으로 많이 심는다.
청와대에서는 소정원, 용충교 주변, 관저 내정에 자라고 있다.

69. 마타리 *Patrinia scabiosifolia* Fisch. ex Trevir.

마타리과의 여러해살이풀이다. 꽃은 여름부터 가을까지 노란색
으로 핀다. 뿌리줄기가 옆으로 뻗고 원줄기는 곧추 자란다. 윗부
분에 있는 가지가 갈라지고 털이 없으며, 아랫부분에 있는 가지는
털이 있고, 새싹이 갈라져서 번식한다. 잎은 마주나며 깃꼴로 깊
게 갈라지고 양면에 복모가 있다. 우리나라 산이나 들에서 잘 자
라며, 일본, 대만, 중국 및 시베리아 동부까지 분포한다. 청와대에
서는 소정원, 헬기장, 녹지원 계류 주변, 상춘재, 용충교 주변 숲길
에 자라고 있다.

70. 메꽃 *Calystegia pubescens* Lindl.

메꽃과의 여러해살이 덩굴식물이다. 6~8월에 연분홍색 꽃이
잎겨드랑이에서 긴 꽃줄기가 나오고 끝에 한 개씩 하늘을 향해 깔
때기 모양으로 달린다. 하얀 뿌리줄기가 왕성하게 자라고 뿌리줄
기에서 움을 내어 덩굴성 줄기가 나온다. 잎은 어긋나고 타원형
의 바소꼴이며 양쪽 밑에 귀 같은 돌기가 있고, 잎자루는 길이 1~
4cm이다. 봄에 땅속줄기와 어린 순을 식용 또는 나물로 먹을 수
있다. 민간에서는 뿌리, 잎, 줄기는 방광염, 당뇨병, 고혈압 등의
치료제 쓴다. 우리나라에서는 들에서 흔히 자라며, 중국, 일본 등
지에 분포한다. 청와대에서는 본관 뒤, 유실수원에 자라고 있다.

청와대야 소풍 가자

71. 모나르다 *Monarda didyma* L. var. alba Hort

현삼과의 여러해살이풀이다. 6월 하순부터 9월 초순까지 줄기 끝에 다양한 색깔로 조밀하게 뭉쳐서 핀다. 잎은 대생하고 난형 피침형으로 끝은 뾰족하고, 베르가못의 향기가 있다. 북아메리카 원산으로 20여종을 관상용으로 재배하고 있다. 청와대에서는 관저 내정, 위민관 주변에 자라고 있다.

72. 물레나물 *Hypericum ascyron* L.

물레나물과의 여러해살이풀이다. 6~8월에 황색 바탕에 붉은빛이 도는 4~6cm 크기의 꽃이 꽃대 끝에 1개씩 위를 향하여 핀다. 줄기는 곧게 서고 네모지며 가지가 갈라지고 높이가 0.5~1m이며 윗부분은 녹색이고 밑 부분은 연한 갈색이며 목질이다. 잎은 마주 나고 길이 5~10cm의 바소꼴이며 끝이 뾰족하고 밑 부분이 줄기를 감싸며 가장자리가 밋밋하고 투명한 점이 있으며 잎자루가 없다. 한방에서는 홍한련(紅旱蓮)이라는 한약재로 쓰인다. 우리나라는 산기슭이나 볕이 잘 드는 물가에서 잘 자라며, 시베리아 동부, 중국, 일본 등지에 분포한다. 청와대에서는 소정원, 유실수원, 용충교 주변 숲길에 자라고 있다. 꽃말은 "추억"이다.

73. 물싸리 *Dasiphora fruticosa* (L.) Rydb.

　장미과의 낙엽관목이다. 꽃은 6~8월에 황색으로 피고 어린 가지 끝이나 잎겨드랑이에 2~3개씩 달린다. 잎 표면에 털이 없고, 뒷면에 잔털이 있으며, 턱잎은 바소꼴이고 연한 갈색이며 털이 있다. 우리나라(함남·함북)는 백두산지역에 살며, 중국, 일본, 시베리아, 히말라야, 사할린 등지에 분포한다. 청와대에서는 용충교 주변 본관으로 가는 숲길에 자라고 있다.

74. 미역취 *Solidago virgaurea* L. subsp. asiatica (Nakai ex H. Hara) Kitam. ex H. Hara

　국화과의 여러해살이풀이며, 7~10월에 노란색으로 피고, 꽃대 끝에 꽃자루가 없는 작은 꽃이 모여 핀다. 줄기에서 나온 잎은 날개를 가진 잎자루가 있고, 달걀 모양의 긴 타원형 바소꼴로 끝이 뾰족하고 표면에 털이 있으며 가장자리에 톱니가 있다. 어린순을 나물로 먹는다. 한방에서는 식물체를 일지황화(一枝黃花)라는 약재로 쓰는데, 두통과 인후염, 편도선염에 효과가 있다. 약간 습한 곳에서도 잘 자라며, 우리나라와 일본에 분포하고, 청와대에서는 침류각 텃밭에 자라고 있다.

75. 바늘꽃(분홍, 흰) *Epilobium pyrricholophum* Franch. & Sav.

바늘꽃과의 여러해살이풀이다. 7~8월에 연한 분홍색 또는 흰색으로 피고 줄기 윗부분의 잎겨드랑이에 1개씩 달린다. 꽃의 크기는 1cm 정도이고, 꽃잎은 4개로 끝이 2개로 얕게 갈라진다. 수술은 8개이고, 암술은 1개이며 암술머리는 방울이 달린 것 같다. 잎은 마주나고 잎자루가 없으며 달걀 모양의 바소꼴이고 가장자리에 불규칙한 톱니가 있다. 우리나라는 산과 들의 물가나 습지에서 잘 자라며, 중국, 일본에도 분포한다. 번식은 종자로 하고, 한방에서는 심담초(心膽草)라는 약재로 쓰인다. 한라바늘꽃(var. *curvato-pilosum*)은 한라산에서 자생한다. 청와대에서는 온실 주변, 헬기장, 춘추관, 위민관 주변, 녹지원 주변, 소정원, 본관 등지에 자라고 있다.

76. 바위채송화 *Sedum polytrichoides* Hemsl.

돌나물과의 여러해살이풀이다. 8~9월에 노란색 꽃이 피는데 꽃대가 없다. 줄기는 옆으로 비스듬히 자라면서 가지가 갈라지고 키는 10cm 내외로 자란다. 줄기의 밑부분은 갈색이 돌며 꽃이 달리지 않는 가지에는 잎이 빽빽이 난다. 잎은 어긋나고, 줄 모양이며 다육질이다. 우리나라는 산지의 바위 겉에서 자라며, 일본, 중국 등지에 분포한다. 청와대에서는 온실 주변, 녹지원 바위정원에 자라고 있다.

77. 벌개미취 *Aster koraiensis* Nakai

국화과의 여러해살이풀이며, 6~10월에 연한 자줏빛 꽃이 줄기와 가지 끝에 한 송이씩 달린다. 옆으로 자라는 뿌리줄기에서 원줄기가 곧게 자라고, 뿌리에 달린 잎은 꽃이 필 때 지고, 줄기에 달린 잎은 어긋나고 바소꼴이며 길이 12~19cm, 너비 1.5~3cm로 딱딱하고 양 끝이 뾰족하다. 가장자리에 잔 톱니가 있고 위로 올라갈수록 작아져서 줄 모양이 된다. 번식은 종자 또는 분주로 하고, 양지바른 곳, 척박한 곳에서도 잘 자란다. 우리나라 특산종으로 전라도, 경상도, 충청도, 경기도 등지에 분포한다. 청와대에서는 관저 회차로, 인수로, 소정원, 녹지원 주변에 자라고 있다. 꽃말은 "기억, 먼 곳의 벗을 그리워하다" 이다.

78. 범부채 *Iris domestica* (L.) Goldblatt & Mabb.

붓꽃과의 여러해살이풀이다. 7~8월에 노란빛을 띤 빨간색 바탕에 검은 반점이 있는 꽃이 피고, 꽃잎은 6개이고 타원형이다. 종자는 공 모양 검은색으로 달린다. 뿌리줄기를 옆으로 짧게 뻗고 줄기는 곧게 서며 윗부분에서 가지를 낸다. 잎은 어긋나고 칼 모양이며 좌우로 납작하고 2줄로 늘어선다. 빛깔은 녹색 바탕에 약간 흰빛을 띠며 밑동이 줄기를 감싼다. 잎 길이 30~50cm, 나비 2~4cm이다. 관상용으로 재배하며 뿌리줄기는 약으로 쓴다. 밑부분에 4~5개의 포가 있다. 우리나라는 산지와 바닷가에서 잘 자라며, 일본, 중국 등지에 분포한다. 청와대에서는 소정원, 버들마당, 친환경단지 주변에 자라고 있다.

79. 비비추 *Hosta longipes* (Franch. & Sav.) Matsum.

백합과의 여러해살이풀이며, 7~8월에 연한 자줏빛 꽃이 한쪽으로 치우쳐 총상으로 핀다. 비비추는 육종으로 다양한 품종이 개발되어 정원 식물로 인기가 높다. 새순은 식용이 가능하며, 번식은 종자 또는 분주로 한다. 우리나라는 부식질이 많은 산지의 냇가나 습기가 많은 곳에서 잘 자라고, 일본, 중국 등지에 분포한다. 청와대에서는 소정원, 버들마당, 녹지원, 용충교 등 경내 모든 산책로 주변에 자라고 있다. 꽃말은 "좋은 소식, 신비로운 사람, 하늘이 내린 인연"이다.

무늬비비추   무늬비비추 꽃

80. 뻐꾹나리 *Tricyrtis macropoda* Miq.

백합과의 여러해살이풀이며, 7월에 흰색에 자줏빛이 물든 꽃이 원줄기 끝과 가지 끝에 달린다. 꽃자루에 짧은 털이 많고 꽃잎은 6개로 겉에 털이 있으며 자줏빛 반점이 있다. 어린순은 나물로 먹을 수 있고, 잎은 어긋나고 달걀을 거꾸로 세운 듯한 모양의 타원형으로, 잎 아랫부분은 원줄기를 감싸고 가장자리가 밋밋하며 굵은 털이 있다. 우리나라 특산종이며, 주로 남쪽지방 부식질이 많은 산기슭에서 반그늘에서 자란다. 청와대에서는 관저 내정에 자라고 있다. 꽃말은 "영원히 당신의 것"이다.

81. 부들 *Typha orientalis* C. Presl

부들과의 여러해살이풀이다. 6~7월에 노란색 꽃이 피고, 원주형의 꽃이삭에 달린다. 뿌리줄기가 옆으로 뻗으면서 퍼지고 줄기에서 나온 꽃대도 원주형이며 털이 없고 밋밋하다. 잎은 줄 모양으로 줄기의 밑부분을 완전히 둘러싼다. 잎이 부드럽기 때문에 부들부들하다는 뜻에서 부들이라고 한다. 연못 가장자리와 습지에서 자란다. 우리나라와 일본, 중국, 필리핀 등지에 분포한다. 청와대에서는 소정원, 친환경단지에 자라고 있다.

82. 부레옥잠 *Eichhornia crassipes* (Mart.) Solms

물옥잠과의 여러해살이풀이다. 8~9월에 연한 보랏빛 꽃이 수상꽃차례로 핀다. 꽃잎은 6조각으로 위의 것이 가장 크고 바탕에 황색 점이 있다. 물 위에 떠다니며 사는데 이는 잎자루가 부레 모양으로 부풀어 있고 그 안에 공기가 들어 있어 수면에 뜰 수 있게 되어 있다. 수염뿌리로 잔뿌리들이 많으며 수분과 양분을 빨아들이고, 몸을 지탱하는 구실을 한다. 잎은 달걀 모양의 원형으로 많이 나오며, 밝은 녹색에 털이 없고 윤기가 있다. 열대·아열대 아메리카 원산이다. 청와대에서는 소정원, 친환경단지에 자라고 있다.

83. 부처꽃 *Lythrum salicaria* L. subsp. anceps (Koehne) H. Hara

부처꽃과의 여러해살이풀이다. 5~8월에 홍자
색 꽃이 잎겨드랑이에 3~5개가 층층으로 달려
핀다. 꽃잎은 6개씩이고 꽃받침 사이에 옆으로
퍼진 부속체가 있다. 잎은 마주나고 바소꼴이며,
잎자루도 거의 없으며 가장자리가 밋밋하다. 냇
가, 초원 등의 습지에서 자라며, 우리나라와 일본
등지에 분포한다. 청와대에서는 소정원, 인수로,
친환경단지에 자라고 있다.

84. 산수국 *Hydrangea macrophylla* (Thunb.) Ser. subsp. serrata (Thunb.) Makino

범의귀과의 낙엽관목이다. 7~8월에 흰색과 하늘색으로 꽃
이 피며 가지 끝에 산방꽃차례로 달린다. 꽃받침과 꽃잎은 5
개, 수술은 5개이고 암술대는 3~4개이다. 열매는 달걀 모양이
며 9월에 익는다. 잎은 마주나고 긴 타원형이며 끝은 대부분
뾰족하며, 가장자리에 뾰족한 거치가 있고 겉면의 곁맥과 뒷
면 맥 위에 털이 난다. 우리나라에서는 산골짜기 자갈밭, 계곡
등지에서 잘 자라며, 일본, 대만 등지에 분포하고 관상용으로
많이 심는다. 청와대에서는 녹지원 계류 주변, 상춘재 뒤뜰, 관
저 내정, 소정원, 녹지원 주변에 자라고 있다. 꽃말은 "변하기
쉬운 마음"이다.

85. 상사화 *Lycoris squamigera* Maxim.

수선화과의 여러해살이풀이며, 8~9월에 꽃줄기는 곧게 서서 올라오고 꽃줄기 끝에 산형꽃차례로 4~8개의 적색, 분홍색, 노란색 등 다양한 색의 꽃이 핀다. 잎은 봄에 비늘줄기 끝에서 뭉쳐나고 줄 모양이며, 잎이 있을 때는 꽃이 없고 꽃이 필 때는 잎이 없으므로 잎은 꽃을 생각하고 꽃은 잎을 생각한다고 하여 상사화라는 이름이 붙었다. 한방에서 비늘줄기를 약재로 쓰며, 소아마비에 진통 효과가 있다. 비늘줄기로 번식을 한다. 우리나라가 원산지이며, 관상용으로 많이 심고, 청와대에서는 관저 내정, 침류각 주변에 자라고 있다. 꽃말은 "이룰 수 없는 사랑"이다.

86. 섬기린초 *Phedimus takesimensis* (Nakai) 't Hart

돌나물과의 여러해살이풀이다. 7월경 산방꽃차례로 노란색 꽃이 많이 달린다. 줄기는 모여서 나고 옆으로 비스듬히 자란다. 잎은 어긋나고 다육질이며 바소꼴로 끝이 둔하고 가장자리에 둔한 거치가 있다. 우리나라 특산종으로 울릉도, 독도, 설악산 등지에서 자란다. 청와대에서는 관저 내정, 소정원에 자라고 있다.

87. 섬백리향 *Thymus quinquecostatus* Čelak. var. magnus (Nakai) Kitam.

꿀풀과의 낙엽소관목이다. 꽃은 6~7월 연분홍색으로 피며, 열매는 9~10월 검붉게 익는다. 정원수로 심으며 줄기와 잎은 약재로 쓴다. 키가 20~30cm 정도이며 잎은 마주나고 달걀 모양이며 가장자리는 밋밋하고 앞·뒷면에 선점(腺點)이 있다. 경상북도 울릉군 나리동에 분포하고, 울릉백리향이라고도 부르며, 바닷가 바위가 많은 곳에서 잘 자란다. 우리나라 특산식물이며, 청와대에서는 관저 내정에 자라고 있다.

88. 수국 *Hydrangea macrophylla* (Thunb.) Ser.

범의귀과의 낙엽관목이다. 꽃은 중성화로 6~7월에 산방꽃차례로 달리고, 다양한 색으로 핀다. 꽃받침은 꽃잎처럼 생겼고 4~5개이며, 처음에는 연한 자주색이던 것이 하늘색으로 되었다가 다시 연한 홍색이 된다. 꽃잎은 작으며 4~5개이고, 수술은 10개 정도이며 암술은 퇴화하고 암술대는 3~4개이다. 잎은 마주나고 달걀 모양인데, 두껍고 가장자리에는 톱니가 있다. 일본에서 개발된 것인데, 서양에서는 꽃을 보다 크고 화려하게 연한 홍색, 짙은 홍색, 짙은 하늘색 등으로 발전시켰다. 관상용으로 많이 심는다. 청와대에서는 녹지원 계류 주변, 상춘재 주변에 자라고 있다.

89. 수련 *Nymphaea tetragona* Georgi

수련과 여러해살이 수중식물이다. 꽃은 5~9월
에 긴 꽃자루 끝에 흰색으로 한 송이씩 핀다. 꽃받
침조각은 4개, 꽃잎은 8~15개이며 정오경에 피었다
가 저녁때 오므라들며 3~4일간 되풀이한다. 굵고
짧은 땅속줄기에서 많은 잎자루가 자라서 물 위에
서 잎을 편다. 잎몸은 두꺼우며, 달걀 모양이고 밑부분은 화살 밑처럼 깊게 갈라진다. 앞면은 녹색이
고 윤기가 있으며, 뒷면은 자줏빛이고 질이 두껍다. 우리나라 중부 이남과 일본, 중국, 인도 등지에
분포한다. 청와대에서는 소정원, 본관 중정, 친환경단지에 자라고 있다. 꽃말은 "청순한 마음"이다.

90. 술패랭이꽃 *Dianthus longicalyx* Miq.

석죽과의 여러해살이풀이다. 7~8월에 연한 홍자색 꽃이 줄기
와 가지 끝에 피고 크기가 5cm 내외이다. 잎은 마주나고 줄 모양
바소꼴로 양끝이 좁으며 가장자리가 밋밋하고 밑부분이 합쳐져
서 마디를 둘러싼다. 줄기는 곧추서고 여러 줄기가 한 포기에서
모여 나는데, 자라면서 가지를 치고 털이 없으며 전체에 백분이
돈다. 식물체를 그늘에 말려서 한약재로 쓰이고, 관상용으로 많
이 심는다. 번식은 종자로 하고, 우리나라는 배수가 잘되는 산이
나 들에서 잘 자라며, 중국, 대만, 일본 등지에 분포한다. 청와대
에서는 관저 내정, 소정원, 버들마당, 춘추관, 온실 주변, 시화문
등지에 자라고 있다.

꽃말은 "순애, 거절, 재능"이다.

91. 실유카 *Yucca filamentosa* L.

　용설란과의 상록관목이다. 7~8월 흰색 꽃이 원추꽃차례로 밑을 향하여 많이 핀다. 꽃잎은 6개로서 두껍고, 안에 6개의 수술과 1개의 암술이 있다. 열매는 삭과로 긴 타원형이고 9월에 익는다. 번식은 종자나 포기나누기로 한다. 잎은 뿌리에서 모여 나고 사방으로 퍼진다. 줄 모양 바소꼴이며 빛깔은 청록색이고 가장자리가 실 모양으로 늘어진다. 잎에서 섬유를 채취하여 사용하며 관상용으로 심는다. 북아메리카 원산의 귀화식물로 한국에서는 중부 이남에서 월동한다. 청와대에서는 관저 회차로, 위민관 주변에 자라고 있다.

92. 애기기린초 *Phedimus middendorffianus* (Maxim.) 't Hart

　돌나물과의 여러해살이풀이다. 6~8월 취산꽃차례로 노란색 꽃이 줄기의 맨 윗부분에 핀다. 줄기는 무더기로 뻗고 키는 20cm 정도이다. 잎은 바소꼴로 거치가 있다. 잎은 어긋나며 겨울 동안 밑부분의 10㎝ 정도가 살아남아 다시 싹이 나온다. 우리나라는 해발 800m 이상의 높은 산 강한 햇빛이 비치는 건조한 바위 위에 주로 살며, 중국, 일본 등지에 널리 분포한다. 청와대에서는 소정원, 온실 주변, 녹지원 주변, 수궁터 주변, 버들마당, 용충교에서 본관으로 이어지는 숲길 주변에 자라고 있다.

93. 옥잠화 *Hosta plantaginea* (Lam.) Asch.

백합과의 여러해살이풀이며, 8~9월 흰색 꽃이
피고 향기가 있다. 6개의 꽃잎 밑부분은 서로 붙
어 통 모양이다. 뿌리줄기에서 잎이 많이 뭉쳐나
고, 잎은 자루가 길고 심장 모양이며 가장자리가
물결 모양이고 8~9쌍의 맥이 있다. 중국이 원산
지이며 관상용으로 심는다. 청와대에서는 소정
원, 온실 주변, 인수로, 녹지원, 용충교에서 본관으로 이어지는 숲길 주변에 자라고 있다. 꽃말
은 "추억"이다.

94. 우산나물 *Syneilesis palmata* (Thunb.) Maxim.

국화과의 여러해살이풀이며, 6월에 연한 붉은색 두화가 원추
꽃차례로 핀다. 꽃자루는 길이 3~10mm로 털이 난다. 열매는 가
을에 익는다. 일명 삿갓나물이라고도 하며, 번식은 종자나 분주
로 한다. 어린순을 나물로 먹으며, 잎이 새로 나올 때 우산처럼
퍼지면서 나오므로 우산나물이라고 한다. 산지의 나무 밑 그늘에
서 잘 자라며, 우리나리와 일본에 분포하고 관상용으로 심는다.
청와대에서는 관저 내정, 온실주변, 친환경단지 주변에 자란다.
꽃말은 "순결, 변함없는 귀여움"이다.

95. 원추리 *Hemerocallis fulva* (L.) L.

백합과의 여러해살이풀이다. 7~8월에 주황색 꽃이 핀다. 꽃줄기는 잎 사이에서 나와서 자라고, 끝에서 가지가 갈라져서 6~8개의 꽃이 총상꽃차례로 달린다. 뿌리는 사방으로 퍼지고 원뿔 모양으로 굵어지는 것이 있다. 잎은 2줄로 늘어서고 길이 약 80cm, 나비 1.2~2.5cm이며 끝이 처진다. 조금 두껍고 흰빛을 띤 녹색이다. 어린순은 나물로 먹고, 뿌리는 이뇨, 지혈, 소염제로 쓴다. 원산지는 동아시아이며 관상용으로 많이 심는다. 번식은 종자나 포기나누기로 한다. 산지의 양지바른 곳에서 잘 자라며, 우리나라와 중국 등지에 분포한다. 청와대에서는 관저 회차로, 소정원, 녹지원, 의무동, 위민관 등 많은 곳에서 자란다.

96. 연꽃 *Nelumbo nucifera* Gaertn.

연꽃과의 여러해살이 수생식물이다. 꽃은 7~8월에 홍색 또는 백색으로 줄기 끝에 한 송이씩 피고 지름 15~20cm이며 꽃줄기에 가시가 있다. 꽃잎은 달걀을 거꾸로 세운 모양이다. 불교에서 연꽃은 부처님의 탄생을 알리려 꽃이 피었다는 전설로 불교와 인연이 깊은 꽃이다. 열매는 견과이며 종자의 수명은 길고 2천 년 묵은 종자에서 발아한 것도 있다. 잎은 뿌리줄기에서 나와서 높이 1~2m로 자란 잎자루 끝에 달리고 둥글다. 크기는 직경 40cm 내외로 물에 젖지 않으며 잎맥이 방사상으로 퍼지고 가장자리가 밋밋하다. 잎자루는 겉에 가시가 있고 잎자루 속에 구멍은 땅속줄기의 구멍과 연결되어 있다. 진흙 속에서 자라면서도 청결하고 고귀한 식물로, 아시아 남부와 오스트레일리아 북부가 원산지이다. 잎은 수렴제, 지혈제, 연잎밥의 재료로 이용하고, 땅속줄기인 연근은 비타민과 미네랄의 함량이 높아 생채나 각종 요리에 많이 이용한다. 청와대에서는 소정원 거울연못, 친환경단지에 자란다.

97. 이질풀(노관초) *Geranium thunbergii* Siebold ex Lindl. & Paxton

　쥐손이풀과의 여러해살이풀이며, 꽃은 6~7월에 홍색 또는 홍자색으로 핀다. 꽃줄기는 잎겨드랑이에서 나오고, 그 꽃줄기에서 2개의 작은 꽃줄기로 갈라지고 끝에 각각 1개씩 핀다. 열매는 가을에 익는다. 뿌리는 곧은 뿌리가 없고 여러 개로 갈라지며, 줄기가 나와서 비스듬히 자라고 털이 퍼져 난다. 잎은 마주 달리고 3~5개로 갈라지며 앞뒷면에 검은색 무늬와 털이 있고, 갈래 모양은 달걀을 거꾸로 세워 놓은 것 같으며, 끝이 둔하고 얕게 3개로 갈라지며 윗부분에 불규칙한 거치가 있다. 잎자루는 마주나며 길다. 산과 들의 양지쪽에서 잘 자라며 우리나라와 일본, 대만 등지에 분포한다. 청와대에서는 소정원, 관저 내정, 친환경단지에 자란다.

98. 참나리 *Lilium lancifolium* Thunb.

　백합과의 여러해살이풀이며, 7~8월에 노란빛이 도는 붉은색 바탕에 검은빛이 도는 점이 많은 꽃이 핀다. 꽃잎은 6개이고 바소꼴이며 뒤로 심하게 말린다. 열매를 맺지 못하고, 잎과 줄기 사이에 있는 주아가 땅에 떨어져 발아한다. 한방에서는 비늘줄기를 진해, 강장, 백혈구감소증, 항알레르기 작용의 약재로 쓴다. 비늘줄기는 흰색이고 지름 5~8cm의 둥근 모양이며 밑에서 뿌리가 나온다. 줄기는 키가 1~2m이고 검은빛이 도는 자주색 점이 빽빽이 있으며 어릴 때는 흰색의 거미줄 같은 털이 있다. 잎은 어긋나고 길이 5~18cm의 바소꼴이며 녹색이고 두터우며 밑부분에 짙은 갈색의 주아(珠芽)가 달린다. 산과 들에서 자라고 관상용으로 많이 재배하고, 우리나라와 일본, 중국, 사할린 등지에 분포한다. 청와대에서는 소정원, 관저내정, 녹지원, 상춘재, 용충교에서 본관으로 가는 숲길, 친환경단지에 자란다.

99. 천남성 *Arisaema amurense* Maxim. f. serratum (Nakai) Kitag.

천남성과의 여러해살이풀이며, 5~7월에 꽃이 피고 단성화이며, 꽃덮개의 몸통 부분은 녹색이고 윗부분이 앞으로 구부러진다. 열매는 옥수수처럼 달리고 10월에 붉은색으로 익는다. 줄기는 키가 15~50cm로 외대로 자라고 굵고 다육질이다. 줄기의 겉은 녹색이지만 때로는 자주색 반점이 있고 1개의 잎이 달리는데 5~11개의 작은 잎으로 갈라진다. 그 작은 잎은 달걀을 거꾸로 세운 모양의 바소꼴로 가장자리에 톱니가 있다. 번식은 종자나 알뿌리로 한다. 우리나라 각처 숲의 나무 밑이나 습기가 많은 곳에서 자라며 중국 동북부에 분포한다. 청와대에서는 소정원, 용충교 연못 주변에 자란다.

100. 천인국(루드베키아) *Gaillardia pulchella*

국화과의 한해살이풀과 두해살이풀도 있다. 7~8월에 노란색 꽃이 줄기와 가지 끝에 지름 5cm 내외의 두화가 달린다. 줄기는 가지가 갈라져서 60cm 정도 자라며 털이 있다. 잎은 어긋나고 바소 모양의 타원형이며 잎자루는 없다. 종자로 번식한다. 북아메리카가 원산지이며, 30여 종이 있다. 청와대에서는 소정원, 녹지원 주변, 수궁터, 의무동 주변, 영빈관, 위민관 주변, 인수로변에 자란다. 꽃말은 "영원한 행복"이다.

101. 초롱꽃 *Campanula punctata* Lam.

초롱꽃과의 여러해살이풀이며, 6~8월에 흰색 또는 연한 홍자색 바탕에 짙은 반점이 있으며 긴 꽃줄기 끝에서 밑을 향하여 피고, 열매는 9월에 익는다. 화관은 길이 4~5cm이고 초롱(호롱)같이 생겨 초롱꽃이라고 한다. 번식은 종자로 하며, 한국, 일본, 중국에 분포한다. 청와대에서는 소정원, 관저내정, 위민관 중정, 친환경 단지에 자란다. 꽃말은 "충실, 정의, 열성에 감복"이다.

102. 해바라기 *Helianthus annuus* L.

국화과의 일년생 초본식물이다. 8~9월 노란색으로 원줄기 또는 가지 끝에 1개씩 핀다. 꽃이 해를 따라 도는 것으로 오인해서 해바라기라고 하였다. 번식력이 강해서 양지바른 곳에서는 어디서나 잘 자란다. 종자를 식용으로 하며, 한방에서는 줄기 속을 약재로 쓴다. 잎은 어긋나고 잎자루가 길며 심장형이고 가장자리에 톱니가 있다. 콜럼버스가 아메리카대륙을 발견한 다음 유럽에 알려졌으며 우리나라에는 개화기에 들어왔다. 청와대에서는 위민관, 인수로변에 자란다.

가을에 피는 꽃

103. 각시취 *Saussurea pulchella* (Fisch.) Fisch. ex Colla

국화과의 두해살이풀이며, 8~10월에 줄기와 가지 끝에 자주색 꽃이 피고, 어린 순을 나물로 먹는다. 번식은 종자 또는 분주로 한다. 줄기에 달린 잎은 길이가 15cm 정도로 긴 타원형이며 양면에 털이 나고, 뒷면에는 액이 나오는 점이 있다. 우리나라는 산지의 양지바른 풀밭에서 잘 자라며, 일본, 중국, 시베리아, 사할린 등지에 분포한다. 청와대에서는 소정원, 녹지원 계류변에 자라고 있다.

104. 감국 *Chrysanthemum indicum* L.

국화과의 여러해살이풀이다. 9~10월 줄기 끝에 산방꼴로 노란색머리 꽃(頭花)이 핀다. 잎은 어긋나며 잎자루가 있고 끝이 뾰족하다. 어린잎은 나물로 쓰고, 꽃은 말려서 술을 담거나, 한방에서 열감기, 폐렴, 기관지염, 두통, 위염, 장염, 종기 등의 치료에 처방한다. 꽃에 진한 향기가 있어 관상용으로도 많이 심고, 주로 산기슭에서 잘 자라고, 우리니라와 대만, 중국, 일본 등지에 분포한다. 청와대에서는 온실 주변, 녹지원 주변 숲길, 소정원, 관저내정에 자란다.

105. 구절초 *Dendranthema zawadskii* (Herbich) Tzvelev var. latiloba (Maxim.) Kitam.

국화과의 여러해살이풀이다. 9~11월에 줄기 끝에 지름이 4~6cm의 연한 홍색 또는 흰색의 꽃이 한 송이씩 핀다. 땅속줄기가 옆으로 길게 뻗으면서 번식한다. 잎은 달걀 모양으로 밑부분이 편평하거나 심장 모양이며 윗부분 가장자리는 날개처럼 갈라진다. 꽃은 술을 담가 먹기도 하고, 한방과 민간에서는 꽃이 달린 풀 전체를 치풍, 부인병, 위장병에 처방한다. 산기슭 풀밭에서 잘 자라고 관상용으로 많이 식재한다. 우리나라와 일본, 중국, 시베리아 등지에도 분포한다. 청와대에서는 녹지원 주변 숲길, 소정원, 관저내정에 자란다.

106. 꽃범의꼬리 *Physostegia virginiana* (L.) Benth.

꿀풀과의 여러해살이풀이다. 7~9월 빨간색, 보라색, 흰색 등의 꽃이 피고, 꽃받침은 종처럼 생기고 화관은 길이 2~3cm이며 입술 모양이다. 이름과 같이 범의 꼬리 모양으로(총상꽃차례) 꽃이 달린다. 줄기는 사각형이고 키가 60~120cm 정도이다. 잎은 마주나고 줄 모양 바소꼴이며 가장자리에 톱니가 있다. 번식은 봄, 가을에 포기나 누기로 하며 종자로도 번식한다. 양지쪽 배수가 잘되는 양토나 사질양토에서 잘 자란다. 북아메리카 원산이며, 청와대에서는 녹지원 주변 숲길, 소정원, 위민관 주변, 인수로변, 수궁터 주변에 자란다.

107. 꽃향유 *Elsholtzia splendens* Nakai ex F. Maek.

   꿀풀과의 여러해살이풀이다. 9~10월 붉은빛이 비치는 자주색 또는 보라색의 꽃이 줄기와 가지 끝에 빽빽하게 한쪽으로 치우쳐서 이삭처럼 피고, 바로 밑에 잎이 있다. 줄기는 뭉쳐나고 네모지며, 잎은 마주나고 길이 1.5~7cm의 잎자루가 있으며, 끝이 뾰족하고 가장자리에 둔한 톱니가 있다. 어린순은 나물로 먹을 수 있고, 꽃은 꿀벌에게 꿀을 제공하는 밀원식물이다. 한방에서는 감기, 오한발열, 두통, 복통, 구토 등을 치료하는 약으로 쓰고, 우리나라 전 지역에 분포하며 산이나 들에서 잘 자란다. 청와대에서는 소정원, 관저내정, 침류각, 친환경단지에 자란다.

108. 꿩의비름 *Hylotelephium erythrostictum* (Miq.) H. Ohba

   돌나물과의 여러해살이풀이다. 8~10월 흰색 바탕에 약간 붉은빛이 도는 매우 작은 꽃이 많이 달린다. 꽃잎은 5개이고 바소꼴이며 길이가 6~7mm로 꽃받침조각보다 3~4배가 길다. 잎은 마주나거나 어긋나고 긴 타원 모양이며 길이가 6~10cm, 폭이 3~4cm이고 다육질이며, 잎의 가장자리에 둔한 톱니가 있다. 우리나라 전북·충북·경기·평북지역과 일본 등지에 분포하며, 산지의 햇볕이 잘 드는 곳에서 잘 자란다. 청와대에서는 소정원, 인수로변, 관저내정, 용충교 주변 숲길에 자란다.

109. 담쟁이덩굴 *Parthenocissus tricuspidata* (Siebold & Zucc.) Planch.

포도과의 낙엽활엽 덩굴식물이다. 꽃은 양성화이고, 6~7월에 황록색 꽃이 가지 끝 또는 잎겨드랑이에서 나온 꽃대에 취산꽃차례를 이루며 많은 수의 꽃이 핀다. 덩굴손은 잎과 마주나고 갈라지며 끝에 둥근 흡착근(吸着根)이 있어 담벼락이나 암벽에 붙으면 단단히 고정된다. 잎은 어긋나고 잎 끝은 뾰족하고 3개로 갈라지며, 밑은 심장 모양이고, 앞면에는 털이 없으며 뒷면 잎맥 위에 잔털이 있고, 가장자리에 불규칙한 톱니가 있다. 잎자루는 잎보다 길다. 잎은 가을에 붉게 단풍이 든다. 한방에서 뿌리와 줄기를 지금(地錦)이라는 약재로 쓰며, 우리나라와 일본, 대만, 중국 등지에 분포한다. 청와대에서는 관저 뒷산, 본관 뒤산, 영빈관 담장, 성곽로 담장에 자란다.

110. 더덕 *Codonopsis lanceolata* (Siebold & Zucc.) Benth. & Hook.f. ex Trautv.

초롱꽃과의 여러해살이 덩굴식물이다. 8~9월에 종 모양의 자주색 꽃이 짧은 꽃줄기 끝에서 밑을 향해 피고 열매는 9월에 익는다. 꽃받침은 끝이 뾰족하게 5개로 갈라지며 녹색이다. 화관(花冠)의 길이는 2.5~3.5cm이고 끝이 다섯 갈래로 뒤로 말리며 겉은 연한 녹색이고 안쪽에는 자주색의 반점이 있다. 잎은 어긋나고 짧은 가지 끝에 4개의 잎이 대칭으로 모여 달리고, 긴 타원형의 바소꼴이다. 잎

가장자리는 밋밋하고 앞면은 녹색, 뒷면은 흰색이다. 봄에 어린잎을, 가을에 뿌리를 식용으로 하고 한방에서 뿌리를 사삼, 백삼이라고도 부른다. 우리나라 전국 각지 숲속에서 자라며, 식용, 약용으로 많이 재배하고, 일본, 중국 등지에 분포한다. 청와대에서는 침류각 텃밭, 관저내정, 친환경단지에 자란다.

111. 바위솔 *Orostachys japonica* (Maxim.) A. Berger

돌나물과의 여러해살이풀이다. 9월에 흰색 꽃이 수상꽃차례
에 빽빽이 달리고, 여러해살이풀이지만 꽃이 피고 열매를 맺으
면 죽는다. 꽃잎과 꽃받침조각은 각각 5개씩이다. 관상용으로
반려식물로 각광받고 있으며, 민간에서는 엑기스를 담기도 한
다. 뿌리에서 나온 잎은 방석처럼 퍼지고 끝이 굳어져서 가시
같이 된다. 원줄기에 달린 잎과 여름에 뿌리에서 나온 잎은 끝
이 굳어지지 않으며 잎자루가 없고 바소꼴로 자주색 또는 흰색
이다. 우리나라는 산지의 바위 곁에 붙어서 자라며, 일본 등지
에 분포한다. 청와대에서는 온실 주변에 자란다.

112. 박하 *Mentha arvensis* L. var. piperascens Malinv. ex Holmes

꿀풀과의 여러해살이 숙근초이다. 여름에서 가을에 줄기의
위쪽 잎겨드랑이에 엷은 보라색의 작은 꽃이 이삭 모양으로
달린다. 줄기는 단면이 사각형이고 표면에 털이 있다. 잎은
자루가 있는 홑잎으로 마주나고 가장자리에 거치가 있다. 박
하유의 주성분은 멘톨이며, 이 멘톨은 진통제, 흥분제, 건위제
등의 약용으로 사용하거나, 치약, 잼, 사탕, 화장품, 담배 등에

청량제나 향료로 이용한다. 산이나 들에 습기가 있는 곳에서 잘 자라며, 전 세계에 분포한다.
청와대에서는 의무동 주변, 친환경단지에 자란다.

113. 배초향(방아) *Agastache rugosa* (Fisch. & Mey.) Kuntze

꿀풀과의 여러해살이풀이다. 7~9월 자줏빛 꽃이 피고, 꽃 모양은 입술 모양이다. 잎은 마주나고 달걀 모양이며 끝이 뾰족하고, 잎자루가 있으며 가장자리에 둔한 거치가 있다.

줄기는 곧게 서고 윗부분에서 가지가 갈라지며 단면은 네모이다. 어린순을 나물로 하고 관상용으로 가꾸기도 한다. 곽향이라는 한약재이며 소화, 진통, 구토, 복통, 감기 등에 효과가 있다. 우리나라와 일본, 대만, 중국 등지에 분포한다. 청와대에서는 관저내정, 친환경단지, 소정원, 수궁터 주변에 자란다.

114. 소엽(차조기) *Perilla frutescens* (L.) Britton var. crispa (Benth.) W. Deane

꿀풀과의 한해살이풀이다. 8~9월에 연한 자줏빛 꽃이 피고 줄기와 가지 끝에 총상꽃차례를 이루며 달린다. 줄기는 곧게 서고 높이가 20~80cm이며 단면이 사각형이고, 잎은 마주나고 들깨잎 모양과 비슷하며, 끝이 뾰족하고 밑 부분이 둥글며 가장자리에 톱니가 있다. 한방에서는 잎을 소엽, 종자를 자소자(紫蘇子)라고 하여 발한, 건위, 이뇨, 진통제로 사용하고, 민간에선 생즙을 장염 치료제로 이용한다. 중국이 원산지이며, 우리나라는 약용, 식용, 관상용으로 많이 심는다. 청와대에서는 인수로변, 친환경단지에 자란다.

115. 솔체꽃 *Scabiosa comosa* Fisch. ex Roem. & Schult.

산토끼꽃과의 두해살이풀이다. 8~9월 하늘색 꽃이 가지와 줄기 끝에 두상꽃차례로 달린다. 뿌리에서 나온 잎은 바소꼴로 깊게 패어진 톱니가 있고 잎자루가 길며 꽃이 필 때 잎은 사라지고, 줄기에서 나온 잎은 마주 달리고 긴 타원형이며 깊게 패인 큰 톱니가 있으나 위로 올라갈수록 깃처럼 깊게 갈라진다. 줄기는 곧추서서 자라고, 가지는 마주나기로 갈라지며 털이 있다. 우리나라 깊은 산에 서식하며, 중국에도 분포한다. 청와대에서는 관저 내정, 소정원, 녹지원 주변에 자란다.

116. 수크령 *Pennisetum alopecuroides* (L.) Spreng.

화본과의 여러해살이풀이다. 8~9월 자주색 꽃이 피는데 꽃 이삭이 원기둥 모양이다. 키가 30~80cm이고 뿌리줄기에서 억센 뿌리가 사방으로 퍼진다. 훼손지 복구에도 많이 심는다. 우리나라에서는 양지쪽 길가에서 흔히 자라며, 아시아의 온대에서 열대까지 널리 분포한다. 청와대에서

는 버들마당, 소정원, 녹지원, 수궁터, 서별관, 산악지역에 자란다.

117. 쑥부쟁이 *Aster yomena* (Kitam.) Honda

국화과의 여러해살이풀이다. 7~10월에 꽃잎은
자줏빛이고 중앙은 노란색인 꽃이 핀다. 어린순
은 데쳐서 나물로 먹을 수 있다. 뿌리에 달린 잎은
꽃이 필 때 지고, 줄기에 달린 잎은 어긋나고 바소
꼴이며 가장자리에 굵은 톱니가 있다. 우리나라

에서는 습기가 약간 있는 산과 들에서 잘 자라며, 일본, 중국, 시베리아 등지에 널리 분포한다.

청와대에서는 버들마당, 소정원, 녹지원, 수궁터, 서별관, 영빈관에 자란다.

118. 억새 *Miscanthus sinensis Andersson* var. purpurascens (Andersson) Matsum.

벼과의 여러해살이풀이다. 9월 줄기 끝에 은빛을 띤 자주색 꽃이 벼 이삭처럼 핀다. 뿌리줄
기는 뭉쳐나고 굵으며 원기둥 모양이다. 잎은 줄 모양이며 끝으로 갈수록 뾰족해지고, 가장자
리는 까칠까칠하여 손이 베일 수도 있다. 뿌리는 약으로 쓰고, 번식은 종자 또는 분주로 한다.
줄기와 잎은 가축사료로 이용하고, 가을에 베어서 건조하여 초가의 지붕 잇는 데 쓰였다. 우리
나라에서는 전국 각지에서 자라며 일본, 중국 등지에 분포한다. 청와대에서는 버들마당, 소정
원, 녹지원, 수궁터, 춘추관, 위민관, 서별관에 자란다. 꽃말은 "친절, 세력, 활력"이다.

| 억새 | 억새(모닝라이트) | 억새(제브리너스) |

119. 에키네시아 *Echinacea purpurea* (L.) Moench

국화과의 여러해살이풀이다. 8~9월에 꽃이 피고, 전 세계적으로 9종이 있으며 종류에 따라 꽃의 색깔은 흰색, 자주색, 분홍색 등 다양하고, 꽃이 꽃대의 끝에 한 송이가 핀다. 잎은 어긋나고 바소꼴이며 가장자리에 가는 톱니가 있다. 원래 북미 원주민인 코만치족이 민간 약초로 이용하던 것을 1900년대 들어 여러 나라에서 에키네시아 연구가 실시된 뒤 면역력을 높이고 감기 증상을 치료하는 데 효과적이라는 연구 결과를 얻었다. 에키네시아는 알카미드, 카페인산 유도체, 플라보노이드 및 정유 성분을 함유하고 있다. 미국이 원산지이며 우리나라에서는 원예용으로 도입하였고, 중국, 유럽, 아시아 등지에서 재배되고 있다. 청와대에서는 버들마당, 소정원, 녹지원, 위민관, 서별관에 자란다.

120. 용담 *Gentiana scabra* Bunge

용담과의 여러해살이풀이다. 8~10월 자주색 꽃이 잎겨드랑이와 끝에 달린다. 꽃받침은 통 모양이고 끝이 뾰족하게 갈라진다. 어린 싹과 잎은 나물로 먹을 수 있으며, 뿌리를 용담이라고 하며 건위제(健胃劑)로 사용한다. 잎은 마주나고 자루가 없으며 바소꼴이며 가장자리가 밋밋하고 3개의 큰 맥이 있다. 잎의 표면은 녹색이고 뒷면은 연한 녹색이며 톱니가 없다. 우리나라는 산지의 풀밭에서 자라며, 일본, 중국, 시베리아 동부에 분포한다. 청와대에서는 소정원, 관저 내정, 상춘재 후정, 서별관에 자란다.

121. 참취 *Aster scaber* Thunb.

국화과의 여러해살이풀이다. 8~10월 흰색의
꽃이 산방꽃차례로 핀다. 어린순은 취나물로 다
양하게 요리해서 먹을 수 있으며, 뿌리잎은 자루
가 길고 심장 모양으로 가장자리에 굵은 톱니가
있으며 꽃 필 때쯤 되면 없어진다. 중간 이상의
잎은 위로 올라가면서 점차 작아지고, 꽃 이삭 밑
의 잎은 타원형 또는 긴 달걀 모양이다. 우리나라에서는 산과 들의 초원에서 잘 자라며, 일본,
중국 등지에 널리 분포한다. 청와대에서는 친환경단지, 침류각, 소정원에 자란다.

122. 털머위 *Farfugium japonicum* (L.) Kitam.

국화과의 여러해살이풀이다. 9~10월에 노란색으로 꽃이 피는
데, 지름 5cm 정도로서 산방꽃차례로 달린다. 잎은 머위같이 생
겼고 두꺼우며 신장 모양이며 윤기가 있다. 뿌리에서 잎이 뭉쳐
나고 잎자루가 길어 비스듬히 선다. 민간에서는 잎을 상처와 습
진에 바르고, 삶은 물이나 생즙을 장염 치료제로 쓰기도 한다. 우
리나라에서는 경남, 전남, 울릉도 바닷가 근처에서 자라며, 관상
용으로 뜰에 심기도 하고, 일본, 대만, 중국 등지에 널리 분포한
다. 청와대에서는 인수로변, 관저 내정, 친환경단지, 침류각, 소
정원에 자란다. 꽃말은 "순결, 깨끗한 사랑"이다.

123. 투구꽃 *Aconitum jaluense* Kom.

   미나리아재비과의 여러해살이풀이다. 9월에
자주색 꽃이 핀다. 잎은 어긋나며 손바닥 모양으
로 3~5개로 갈라진다. 꽃받침이 꽃잎처럼 생기
고 털이 나며 뒤쪽의 꽃잎이 고깔처럼 전체를 위
에서 덮어 투구처럼 보인다. 번식은 종자 또는 분
주로 하며, 우리나라는 속리산 이북지역 깊은 산
골짜기에서 자라며, 중국 동북부, 러시아에 분포한다. 청와대에서는 인수로변, 관저 내정, 소
정원에 자란다.

124. 풍접초 *Cleome spinosa* Jacq.

   풍접초과의 한해살이풀이다. 8~9월에 홍자색 또는 흰색의 꽃
이 총상꽃차례로 핀다. 줄기는 키가 1m 내외까지 자라며 잔가시
가 있다. 잎은 어긋나고 손바닥 모양이다. 작은 잎은 5~7개이고
바소꼴이며 가장자리가 밋밋하다. 열대아메리카 원산이며 관상
용으로 심는다. 청와대에서는 녹지원 주변, 서별관, 관저 내정,
위민관 주변, 춘추관, 소정원에 자란다.

125. 해국 *Aster spathulifolius* Maxim.

국화과의 여러해살이풀이다. 7~11월에 연한 보랏빛 또는 흰색의 꽃이 가지 끝에 핀다. 줄기는 다소 목질화되고 가지가 많이 갈라진다. 잎은 어긋나지만 달걀을 거꾸로 세운 듯한 모양으로 모여 나며 두껍고 양면에 털이 빽빽이 나서 희게 보이며, 주걱 모양이다. 우리나라에서는 중부 이남지역 바닷가 근처에서 자라며, 관상용으로 뜰에 심기도 하고, 일본에도 분포한다. 청와대에서는 녹지원 주변, 관저 내정, 위민관 주변, 소정원에 자란다.

참고문헌

1. 단행본

국립수목원, 『우리 산에서 만나는 나무 200가지』, 지오북, 2010

국립수목원, 『우리 산에서 만나는 풀 200가지』, 지오북, 2010

대통령경호실, 『청와대와 주변 역사·문화유산』, (주)트랜드미디어, 2007

대통령경호처, 『청와대와 주변 역사·문화유산』, (주)넥스트커뮤니케이션, 2019

박상진, 『문화와 역사로 만나는 우리 나무의 세계』, 김영사, 2017

박상진·대통령경호처, 『청와대의 나무와 풀꽃』, (주)눌와, 2019

서울시역사편찬위원회, 『서울의 산』, 1997

서울특별시, 『청계천의 역사와 문화』, 2002

유길상·광화문마당, 『세종로의 비밀』, 중앙books, 2007

이창복, 『원색대한식물도감』, 향문사, 2004

장다사로·김오진·조오영·권영록, 『청와대의 꽃 나무 풀』, 대통령실, 2012

조재형 외, 『한강과 함께하는 나무와 풀』, 국립산림과학원, 2012

영도 조재명·최명섭, 『한국수목도감』, 삼정인쇄사, 1992

2. 인터넷 문헌

국가생물종지식정보시스템. http://www.nature.go.kr/main/Main.do

국가식물표준목록. http://www.nature.go.kr/kpni/index.do

국토정보플랫폼. http://map.ngii.go.kr/ms/map/nlipCASImgMap.do

두산백과 두피디아. 서울대학교 아시아연구소. http://www.doopedia.co.kr

청와대 국민 품으로. http://reserve.opencheongwadae.kr

청와대사랑채. http://www.cwdsarangchae.kr

한국민족문화대백과. 한국학중앙연구원. http://encykorea.aks.ac.kr

한국 야생식물 종자도감. 국립수목원. http://www.nature.go.kr

청와대야
소풍 가자

ⓒ 권영록 · 조오영 · 정명규, 2022

초판 1쇄 발행 2022년 12월 15일

지은이   권영록 · 조오영 · 정명규
펴낸이   이기봉
편집   좋은땅 편집팀
펴낸곳   도서출판 좋은땅
주소   서울특별시 마포구 양화로12길 26 지월드빌딩 (서교동 395-7)
전화   02)374-8616~7
팩스   02)374-8614
이메일   gworldbook@naver.com
홈페이지   www.g-world.co.kr

ISBN   979-11-388-1492-8 (03480)